信念的魔力

BELIEFS

Pathways to
Health and Well-Being

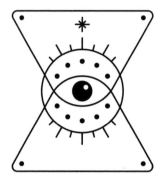

〔美〕罗伯特·迪尔茨（Robert Dilts）　〔美〕蒂姆·哈尔布姆（Tim Hallbom）
〔美〕苏茜·史密斯（Suzi Smith）◎著
杨洁◎译

海南出版社
·海口·

Beliefs: Pathways to Health and Well–Being

Copyright © Robert Dilts, Tim Hallbom and Suzi Smith, 1990, 2012

版权合同登记号：图字 30-2023-017

图书在版编目（CIP）数据

　　信念的魔力 /（美）罗伯特·迪尔茨
(Robert Dilts),（美）蒂姆·哈尔布姆 (Tim Hallbom),
（美）苏茜·史密斯 (Suzi Smith) 著；杨洁译 . －－ 海
口：海南出版社，2023.10
　　书名原文：Beliefs:Pathways to Health and Well–
Being
　　ISBN 978-7-5730-1197-8

　　Ⅰ.①信… Ⅱ.①罗…②蒂…③苏…④杨… Ⅲ.
①信念－通俗读物 Ⅳ.① B848.4-49

　　中国国家版本馆 CIP 数据核字 (2023) 第 110989 号

信念的魔力
XINNIAN DE MOLI

作　　者：〔美〕罗伯特·迪尔茨 (Robert Dilts)　〔美〕蒂姆·哈尔布姆 (Tim Hallbom)
　　　　　〔美〕苏茜·史密斯 (Suzi Smith)
译　　者：杨　洁
出 品 人：王景霞
责任编辑：闫　妮
责任印制：杨　程
印刷装订：北京兰星球彩色印刷有限公司
读者服务：唐雪飞
出版发行：海南出版社
总社地址：海口市金盘开发区建设三横路 2 号　　邮编：570216
北京地址：北京市朝阳区黄厂路 3 号院 7 号楼 101 室
电　　话：0898-66812392　010-87336670
电子邮箱：hnbook@263.net
经　　销：全国新华书店
版　　次：2023 年 10 月第 1 版
印　　次：2023 年 10 月第 1 次印刷
开　　本：700 mm×1000 mm　1/16
印　　张：16
字　　数：170 千字
书　　号：ISBN 978-7-5730-1197-8
定　　价：59.80 元

三个改变信念的故事

1999年10月是一个让我的生命发生翻天覆地改变的神奇月份。年少稚嫩的我误打误撞地进入了人生中第一个心理学课程——NLP实用技巧，启蒙老师李中莹把我带进了一个探索内在世界的神奇旅程。三天的课程中，我所学习的最后一个，也是最重要的一个工具是逻辑层次，又名理解层次。当我把逻辑层次模型中的六个层次用六张纸表示，把纸依次放在地上，然后一步步地走上去，再一步步走回来时，任何文字都无法描绘当时的感悟：生命原来如此宏大，道路原来如此清晰。短短半个多小时看似简单的练习，却让我经历了人生中第一个精神上的高峰体验。

世界还是原来的世界，而我已不再是原来的我了。记得当年的课程讲义上这样写着：逻辑层次创始人罗伯特·迪尔茨，美国NLP大学执行长，当今大部分NLP技巧都是由他开发出来的。那次的课程就像为我的未来打开了一扇通往神奇世界的大门，而罗伯特·迪尔茨这个名字也深深地刻在我的心中。不过那时的我从来都没有想过，有一天自己会见到这位伟大的老师，而且还能成为他的朋友和合作伙伴。

多年之后，我有幸可以在中国参加迪尔茨老师的工作坊。第一次见到老师的感觉就是：老师好年轻呀！之前我一直以为，一个在行业里有40多年经验的大师应该是一位老人家，没想到他看起来这么年轻，精神体态就像三四十岁的人。他有着一双孩子般清澈的眼睛，充满着对生命的热忱。老师既睿智、博学多才，又对每个人有着深深的接纳和尊重。迪尔茨老师虽然是一名西方人，但身上却有一种很深刻的东方式的内敛和谦卑，"谦谦君子，温润如玉"是我们一起学习的同学对老师的衷心评价。

无论是教 NLP（神经语言程序学）、SFM（卓越元素解码），还是教语言的魔力等课程，迪尔茨老师都不是在教技巧，而是活在他的教授中。而在这些教授当中，信念是核心中的核心，信念创造了经验，而经验又强化了信念。成功者拥有正向的信念，因此创造了正向的经验；失败者因为有负向的信念，所以创造了负向的经验。迪尔茨老师曾经说过："人们常说眼见为实，但实际上如果你已经看见了，是否相信已经不重要了。而我选择先相信，然后把它创造出来。"以下三个真实的故事是我或其他朋友跟随老师学习时听到、经历到的，迪尔茨老师不仅是改变自己信念的大师，更是帮助他人转化负面信念的大师。

倒时差是每一个国际旅行者都会遇到的问题，少则两天，多则一个多星期才能倒过来，这期间往往很困，没有精神。所以很多西方国家的老师来国内授课的时候，都会提前一两天抵达，好好休息才能保证之后的授课质量。但据我所知，只有迪尔茨老师是课程前一晚才到，然后第二天一早就神采奕奕地站在讲台上。一整天下来，完全看不到他有任何倦意。有一次，两位以前做国际旅游业务的学员问了老师这个问题："老师，您不用倒时差吗？"老师微笑着说："I am here."

我在这里！为什么我们的身体会由于跨越很多个时区而不适？因为潜意识里觉得自己还没有完全在一个新的地方。但迪尔茨老师真的不愧为运用信念创造健康和幸福的大师，无论身处何地，他始终都在这里。

我有一位朋友也是华人世界著名的心理老师，他曾经跟我分享过当年第一次去美国 NLP 大学跟迪尔茨老师学习的故事。那时的他有一个自己没有觉察到，但实际上影响非常大的语言习惯，就是很喜欢讲问题，比如他不想要的是什么，做不到的是什么。

举个例子：我现在想跟你说一件非常重要的事情，真的很重要！所以你千万千万不要想粉红色的猴子，什么都可以想，就是不要想粉红色的猴子。你现在在想什么？粉红色的猴子呀！

现在我们明白了：你越不想要的，越是无法摆脱。比如你不想要紧张，不想要不自信，你试试不断跟自己说："我不要紧张，我不要紧张。"结果会怎样？你会越来越紧张。不是那粉红色的猴子抓住你，而是你抓住它不放。大家留意观察一下，身边大多数人或多或少都有这样的语言习惯，而语言其实就是我们内在信念的呈现，通过改变语言就能改变内在信念。

让我们看看迪尔茨老师是如何用一句话就帮助这位朋友改变了语言和信念习惯的。

"你不希望发生的，为什么要把它说出来呢？"

这句话犹如醍醐灌顶。对呀！不希望发生的，为什么老是说呢？总是说那些负面的，所以它们发生的概率就越来越大！从此以后，这位朋友扔掉了那只粉红色的猴子，从一位新晋导师成为著名的心理导师。正向信念创造了成功。愿我们都能扔掉那只粉红色的猴子，创造自己人生更大的成功和幸福。

另一个故事是关于迪尔茨老师运用 NLP 中改变潜意识深层信念的方法成功地治愈了他母亲的末期癌症。迪尔茨老师的妈妈是一名护士，曾经患有乳腺癌，治疗康复后又复发了。这一次癌细胞来势汹汹，已经大面积扩散，几乎都要把她的锁骨撑破了。医院的两位主治医生都劝她放弃治疗，回家准备后事。因为自己本身也是医务工作者，他母亲也明白已经没有其他治疗方法了，但迪尔茨却没有放弃。他说："既然所有的医学治疗都不起作用了，那么我们来试一试心理治疗吧。"

迪尔茨问母亲："你想要一个怎样的未来？"

"我没有未来，还有几个月我就要死了。"母亲悲伤地说。

"如果有未来，你想要一个怎样的未来？"

"我想要回到没有生病之前那样。"

这是很多身患绝症的患者们的共同想法，但殊不知，其实正是过去的生活状态导致了现在的健康问题。所以，回到过去既不可能，也不是好的解决方法。

"如果你有机会活第二段人生，跟以前不一样的人生，你想要怎么过呢？你有什么梦想想要实现呢？"

母亲开始思考，然后她的眼中有了光彩："其实我有一个梦想，我想当演员。"

"哇！太棒了！为什么不呢？你可以现在就去学习表演。"

迪尔茨老师在深度引导和探索中逐渐意识到，导致他母亲患上癌症的潜意识信念是一种对家族的忠诚。因为迪尔茨母亲的母亲和姐姐都是患癌症去世的，所以在母亲的潜意识中，她觉得和自己的母亲和姐姐患同样的病，才是真的爱她们。这也许听起来不可思议——谁想要自己生病呢？但我们人生当中许多重大的问题，健康、婚姻、财富等方面的问题其实是由我们潜意识的信念创造出来的，对家族成员的忠诚而导致的限制性信念是相当隐秘却又相当普遍的。

"我明白，表达对自己家族女性成员的忠诚很重要，"迪尔茨继续引导母亲，"那你希望你自己的女儿以后也罹患癌症，借此向你表达忠诚和爱你吗？"

"哦！不！不！不！"

"那你的母亲和姐姐也不希望你用这样的方式爱她们和对她们表达忠诚。"

"嗯，是的。"

……

那次之后，迪尔茨老师的母亲就开始去学习表演，去做过去不敢做的事情。有一次，迪尔茨去美国银行办事，看到银行海报上的演员就是自己的母亲，后来又在电视节目上看到了她。这期间他母亲的癌症不治而愈了。十年之后，她因为一个小小的皮肤问题又回到过去看病的医院做检查。她当年的主治医生看到她像见到鬼一样，简直不敢相信她还活着。虽然只是小小的皮肤问题，但医生还是免费给她做了详细的全身检查，结果发现她非常健康，没有找到任何癌细胞的踪迹。他母亲回想起这件事情的时候总是非常感恩，她很感谢这个病让她有机会活出第二段人生，而这一段人生比第一段人生要喜庆精彩得多！

我后来有机会跟一位长期为癌症患者服务的朋友谈过这件事情，她对那些能够完全战胜病魔的患者有一个这样的总结：洗心革面，重新做人。如果我们长期处在负面的思想状态中，负面信念就会创造负面经验。比如"我不够好"是一个负面信念，这个信念就会创造出一个不够好的工作，不够好的关系，不够好的身体……因为经验到不够好的工作，不够好的关系，不够好的身体，你又更深地相信"我不够好"这个信念。这种负面循环就会为自己的人生创造出各种问题，而打破这个负面循环的关键在于停止过去的负面模式，比如停止对他人和环境的抱怨，开始自我探索和觉察的旅程。这真的就像重新做人似的，你开始了第二段更好的人生。

当然这个过程不仅要了解自己表意识的信念，更需要了解潜意识的信念，这样才能真正转化和升级自己内在的信念系统。在改变内在信念方面，迪尔茨老师无疑是国际上首屈一指的大师，而本书无疑是信念这一领域的必读经典书。无论是阅读他的书籍，还是参加他的线下工作坊，都是人生一大幸事！

慧真心理创始人　乐悠（Grace）

推荐序二　转化信念，就是转化生命的第一步

作为幸福心理学的研发者和传播者，我一直相信幸福是我们生命中最重要的追求之一。而在罗伯特·迪尔茨的新作《信念的魔力》中，他深入探讨了信念对幸福和生命的影响。在心理学与 NLP(神经语言程序学) 的交叉点上，迪尔茨老师以其独特的的方式为我们揭示了人类行为和思考的深层次原理。本书不仅是对 NLP 领域的一份重要贡献，也是对心理学的一次大胆的重新诠释。

罗伯特·迪尔茨的另一本书《语言的魔力》，多年来时刻在我案头，它不断拓展着我，帮助我在各个生活场景中运用不一样的沟通模式，转化彼此的信念和内心力量。而在《信念的魔力》中，迪尔茨老师为我们展示了一个壮丽的人类大脑及其潜力的无限可能。他帮助我们理解信念如何影响我们的行为、情绪和人际关系，以及如何改变和重塑这些信念。他强调，我们的信念系统不仅仅是一种认知过程，而且是一种深深植根于我们大脑中的模式，这些模式为我们提供了一种全新的视角来理解自己和他人。

在迪尔茨看来，人们对待自己的信念就像是对待一个虚构的朋友。如果我们对自己的信念不够坚定，那我们就如同一个意志薄弱的朋友，很容易被其他信念所左右；而如果我们能够坚定自己的信念，那我们就如同一个意志坚强的朋友，就能够更加自信地迎接生活中的挑战。

如果用一句话来形容读后感，那就是：道术结合，方为真功夫。本书不仅提供了完整的转化信念的心智策略，还有大量详尽的实际案例所展示

的支持过程。它不同于书呆子式的理论阐述形式，而是从实例和练习角度来提供看到自我、理解自我的全新方式，是本书的独特之处。无论是从事心理咨询的专业人士，还是心理学爱好者，或者是期待可以自我支持的人，相信这本书都可以给到你一个很惊喜的角度。

作为幸福心理学的研发者和传播者，多年以来，我在授课中曾和无数的学员一同思考：当一个人陷入盲目时，生命会有怎样的痛楚和无奈？一个人的人生有多少次是因为没有策略，而茫然地屈从于某种惯性？一个人是否可以通过自我探索，将人生经营成自己真正想要的样子？

真相是：当我们逐渐深入探索，开始了解自我，帮助自我建立更强大的信念系统时，生命完全可以呈现出从未曾达到的精彩。在每一次转化教学中，我所运用的底层逻辑都与这本书的很多手法不谋而合——转化信念，就是转化生命的第一步。若你真正渴望，且知道如何创造，那么，一切就已经开始发生。

现在，我读到这样一本书，它可以把转化信念如此言简意赅地呈现给读者，从更深处为每个人提供了自我教练的整套策略。我内心充满了感动和欣喜。《信念的魔力》这一本集大成之作，一定可以启迪读者的更大智慧。

忠诚于自己的深层渴望，才是忠诚于生命系统。真正的忠诚，是在各种各样的处境下，都能活出最高版本的自己。你的信念，就是你的导航。此刻，你打开了这本书，那么，那个更高版本的自己，已经在等待你的抵达。

很荣幸可以为本书作序。以及，可以和你共读此书。

秋文心理创始人　李文超

2023年9月于书房

引　言

　　改变发生在我们生活中的各个层面。我们可以改变外在环境，改变与外在环境互动的方式，改变决定行为的心智策略，改变内在信念和价值观（通过这些信念和价值观来激励和强化内在的导航系统和心灵地图），改变决定信念和价值观的身份，改变与更为广阔的精神之间的关系。

　　本书为读者提供必要的概念和互动工具，以便在指导行为的信念层面拥有更多的选择。另外，内文是按照工作坊形式来撰写的，如同一位导师面对着一群学员授课。为了方便读者阅读，本书的第一人称是罗伯特·迪尔茨（Robert Dilts），但需要注意的是，本书实际上是罗伯特·迪尔茨、蒂姆·哈尔布姆（Tim Hallbom）和苏茜·史密斯（Suzi Smith）三人共同合作的成果，每个人都在书中贡献了自己的感悟、来访者和经验。

　　我（罗伯特·迪尔茨）第一次开始认真探索改变信念的过程，是在母亲乳腺癌复发时。当时她的癌细胞大面积扩散，并且预后很不乐观。正是在帮助她走上跌宕起伏、英雄史诗般的康复之路的过程中，我开始研究信念对个人健康的影响。由此，我也进一步提出了理念和方法，帮助人们做出彻底而持久的行为改变，最终获得健康和幸福。

　　本书所呈现的各种理念和技术的根源所涉甚广，但最主要是借鉴了NLP 的原则和技术。本书中使用的资料主要来自 NLP 工作坊，导师们以高超的技巧处理过这些素材。阅读本书时，读者可以把自己想象成正在参加工作坊：你亲眼看见导师与来访者的互动，聆听学员提出的问题，理解导师给出的解答，并参与之后的讨论和练习。

　　本书的主旨在于提供改变信念的不同方法，同时我也很希望读者能从其中的理念和来访者那里获得灵感。本书并不仅是简单描述信念改变的技术或步骤，我更希望它可以帮助读者拓展如何实现持久改变的信念。本书特意增加了关于治疗过敏症的内容，并且收录了我的母亲帕特里夏·迪尔茨（Patricia Dilts）在癌症康复后撰写的一篇文章。在我创作本书和拓展NLP在健康领域运用的过程中，母亲都给我带来了很多启发。

第一章　信念：识别与改变

第五章　我们内心的冲突信念

第六章　重要的信念：准则和价值观

第七章　更多关于NLP与健康的讨论

第八章　过敏症

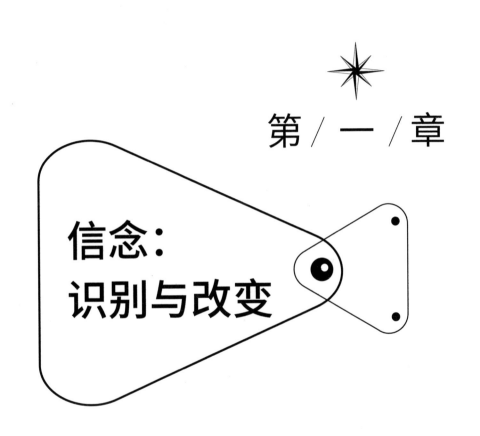

第 / 一 / 章

信念：
识别与改变

在1982年，我的母亲遭遇了人生的转折点。她周围的许多事情都发生了变化。最小的儿子即将离家独立，她不得不面对这种离别给她带来的冲击。我父亲任职的律师事务所也要解散了，他正准备创业。母亲的厨房也被烧毁了，这让她非常伤心——厨房是她的"领地"，在某种程度上代表着她在家庭系统中的身份。更雪上加霜的是，作为一名护士，母亲需要同时为几位医生服务，经常加班加点，她说自己"做梦都想休个假"。在所有变化带来的重重压力之下，她的乳腺癌复发了，并且转移到头骨、脊椎、肋骨和骨盆等其他部位。医生认为母亲的病情很不乐观，说会尽一切可能"减轻她的痛苦"。

我和母亲花了整整四天的时间来探索她对自己和疾病的信念。我运用了所有适合她的状况的 NLP 技术，这对她来说是非常耗费心力的。除了吃饭、睡觉和必要的休息，我们都在不停地工作。我帮助母亲改变了一些限制性信念，并帮助她整合了各种变化所带来的主要冲突。由于我们在信念改变方面进行的工作，在未曾接受化疗、放疗和其他传统治疗的情况下，母亲的健康状况居然明显好转了。她继续生存了十三年零六个月，身体非常健康，并没有出现其他症状。她每周游几次泳，每次游半英里，去欧洲旅行，还参演电视广告，过得幸福而充实。她鼓舞了所有人，让我们看到即使身患绝症，也可以拥有无限的可能。

我和母亲所做的工作对于我将 NLP 模型进行拓展，以针对健康、信念和信念体系开展工作起到了至关重要的作用。我现在使用的模型在过去七年里发生了相当大的演变，这将是本书的重点。

在和母亲一起工作之前，我就对信念体系产生了浓厚的兴趣。因为我认识到，即使"成功地"进行了 NLP 干预之后，我的一些来访者仍然没有发生真正的改变，原因是他们对自己所期望的改变抱有否定的信念。在这里，我想举一个非常典型的例子。有一次，我在给一群做特殊教育的教师做报告时，有位教师说："你们知道吗？我认为 NLP 拼写策略很棒，我在所有的学生身上都运用了这个策略。可在我自己身上，它却并不奏效。"经过测试后，我发现，实际上 NLP 策略对她确实有效。我可以教她按照正反顺序准确地拼写一个单词。但是因为她不相信自己会拼写，所以她刚刚掌握的技能就会大打折扣，这种信念让她否决了自己实际上能够拼写的一切证据。

信念体系是围绕着改变工作的大框架。我们可以教会任何人拼写，只要他们能够对信息进行反馈。然而，如果人们确实相信自己无法做到某件事，他们就会寻找一种无意识的方式来阻止改变的发生。他们会寻找某种方式对结果进行解释，以与他们现有的信念保持一致。要让前文中的那位教师能够有效地运用拼写策略，我们必须首先处理她的限制性信念。

◉ 使用 NLP 技术进行改变的模型

在针对限制性信念进行工作时，我们的目标就是从当前状态（present state）到达期望状态 (desired state)。第一步也是最重要的一步，是确认期望状态。我们需要清晰地描述出自己所期待的结果。例如在帮助一位吸烟的人时，我们需要让他去思考自己在戒烟后将会成为怎样的人、会做哪些事情，包括人际关系、工作和娱乐等方方面面。一旦帮助对方确定了期待的结果，我们就已经启动了改变的进程，因为人类大脑具备一种自动控制机制。也就是说，一旦目标得以明确，大脑就会组织无意识行为来实现这个目标。这位受助者将开始自动获得自我修正的反馈，朝着自己的目标迈进。

最近我了解到这样一个例子。1953年，美国东部的一所大学发表了一篇关于目标设定的硕士论文。论文作者发现，在当年的应届毕业生中，只有3%的人写下了自己的终身目标。二十年过后，有人对这些学生进行追踪调查，发现当初写下终身目标学生的收入居然超过了其他同学收入的总和。这个例子说明，大脑可以帮助我们积极调整行为，实现目标。

在确定了自己期望的结果之后，我们就可以收集当前状态的信息。通过对当前状态和期望状态进行对照和比较，我们才可以确定需要哪些能力和资源才能达到期望状态。

改变方程式

我提出的 NLP 改变方程式如下：

当前（问题）状态+资源＝期望状态

事实上，这道方程式概括了我们运用过去十七年开发的所有 NLP 具体技术的过程。有时我们会遇到困难，无法为当前状态补充资源，比如会受到自身某些思维的干扰，于是就产生了这样一个模型：

当前（问题）状态+资源＝期望状态

干扰

（包括限制性信念和内在冲突）

4

识别和处理干扰

我有时会幽默地把这种干扰称为"内部恐怖分子"（internal terrorist），它让我们所有的努力都付之东流。不幸的是，我们不能直接逮捕这个"恐怖分子"，因为它是我们内在需要进化和整合的一部分，我们不能直接把它摧毁。其实，我们可以将这种干扰视为一个信号，它告诉我们，在向期望状态迈进之前还需要另一套资源。

最典型的干扰来自我们的内心。有时候，人们孜孜以求于自己期望的结果，却没有意识到自己正在从想要克服的问题中获得某种益处。下面这些例子可以具体说明这一点。

有位女士无法成功瘦身，是因为她害怕自己瘦下来之后会变得很有吸引力。她不确定自己能否自如地应对那样的情形，因此瘦身这件事会给她带来巨大的焦虑。

有位男士在患病期间获得了家人前所未有的关注，而这件事就可能会成为他病情迁延不愈的诱因。他会觉得，自己如果康复了，家人就不会再那么重视自己，他无法再得到自己所期待的关注了。

我的一位同事不幸罹患肝癌。当我询问他内心是否有某部分并不赞成自己康复时，他明显有所迟疑。他心中确实有所顾虑，因为他曾经邀请所有的朋友参加一场盛大的欢送会，当时每个人都袒露心扉，放声痛哭。因此他内在的这个部分就认为，如果自己康复了，就再也无法体验那样美好的情感了。自此以后，他的身体就每况愈下，因为他得到的巅峰体验建立在自己即将不久于人世的预期之上。无法再获得这种巅峰体验的想法成为了一种干扰，在补充其他资源之前，我必须首先处理这种干扰。

干扰通常分为三种。第一种干扰是人们的某个内在部分并不愿意改变。人们往往并未意识到这个部分。我曾经处理过一个希望戒烟的来访者，他在意识层面对戒烟表示赞同。然而在潜意识层面，他认为，如果自己连烟都不抽了，那就显得过于循规蹈矩了。戒烟就意味着失去自我。在帮助他找到更恰当的方式走向独立之前，我们需要先解决这个身份的问题。想要达成改变，首先我们的内心必须保持一致地愿意改变。

第二种干扰是人们并不了解如何才能获得自己想要的改变。我们必须知道如何从当前状态抵达期望状态。我曾经有一位男孩来访者，他掌握了听觉拼写策略，但却无法学会拼写。他试着通过大声跟读字母来拼写，但结果并不理想。其实要有效地拼写，我们首先需要看到单词，从而产生熟悉感。我向他传授了 NLP 视觉记忆拼写策略，他才了解如何正确地去拼写。

第三种干扰是人们需要给予自己运用新知识的机会。在很多情况下，人们根本没有给予自己机会去改变。要让改变发生，我们往往需要时间和空间。如果有人尝试了一种非常有效的瘦身方案，但几天内并没有看到效果，之后就放弃了，那他就放弃了让自己改变的机会。只有给予自己足够的时间，我们才能有机会改变。

这里有另一个关于机会的例子。有一次，蒂姆·哈尔布姆和苏茜·史密斯与一位研究生院的老师讨论如何帮助人们创造改变。这位老师说："在《运用你的大脑——创造改变》（*Using Your Brain – For a Change*）这本书中，我读到过 NLP 针对恐惧症的具体应用技术，但我从来没用过这套方法，因为这只是'权宜之计'。"她认为要达成切实而有价值的改变，必须要经历一个漫长而痛苦的过程。然而蒂姆和苏茜说："我们多次使用过这套方法，也看到它的效果可以持续数年。"这位老师说："我并不在乎这套方法是否能够持久，反正它终究是'权宜之计'。"她想要更加有效地帮助他人，却不去学习如何做到这一点。这是因为她对于改变应当如何发生抱有固化和限制性的信念，因此无法给予自己进行尝试的机会。

总结

总之，我们可以通过如下步骤创造改变：

1. 确认当前状态；

2. 确认期望状态；

3. 确认从当前状态到达期望状态所需的相应资源（内心状态、身体状态、信息或者技巧）；

4. 通过使用这些资源来减少干扰。

我们必须愿意改变，了解如何改变，并且给予自己改变的机会[1]。

◎ 影响改变的四大因素 ————————————

有四个因素会对改变产生影响，它们也是愿意改变、了解如何改变和给予自己机会改变的一部分。这四个因素是：身体状态、策略、一致性和信念体系。从某种程度上说，我们所做的任何改变都会受到这几个因素的影响。我想把这四个因素归为以下两类：

• 身体状态和策略与了解如何改变有关，即我们怎样完成一个特定的行为。

• 一致性和信息体系与愿意做某件事，或者给了自己机会有关，也就是能够做出充分的个人承诺，并且在实现这个承诺的过程中，不必与自己的内心交战，也不用努力说服其他人，并且相信自己可以做到。

1. 身体状态

从字面意义上说，身体状态是指我们的身体处于良好的状况，从而能够通过适当的生理过程（例如视觉、听觉、感觉等）来完成某件特定的事。让我来举几个与身体状态有关的例子。在研究速读多年之后，我发现阅读者的速度和他们的身体状态有很大关系。我的一位研究对象是这样进行阅读前的准备的：

他首先拿起一本书，又把它放下，接着往后站，蓄势待发。接下来他走过去，抓起书，迅速翻阅浏览内容，接着又往后站。然后，他就真正地投入阅读了。他掰了掰指节，松开衣领，深吸一口气，然后又把书拿起来，坐下快速阅读起来。

试一试这个过程吧——尽管看起来有点兴师动众。不过一旦身体兴奋起来，我们的阅读速度就会变快！反过来说，如果你正在尝试快速阅读，懒洋洋地靠在那里必定会增加快速阅读的难度。

我再举一个例子。在教授他人进行视觉化①（visualize）时，我们要做的不仅仅是要求他们看到画面，还要让他们进入适合的身体状态。例如，如果来访者说她无法看到画面，我们就要留意她的身体姿态。如果她弯腰驼背地用力呼吸（这是一个打开身体感觉的姿态），或者头部向左下方倾

———————
① 视觉化：把抽象的事物形象化，在脑海中浮现生动的画面。

斜，那么她自然无法构建视觉图像，因为她的身体姿态与感觉和听觉有关，而不是与视觉有关。

我会把身体状态比作一台收音机调谐器，身体状态也包括细微的身体变化，例如眼睛向上移动想象画面，眼睛向下移动关注感觉和声音等。基站发射出声波，声波穿过我们的房间，而我们用特定的方式让收音机接收这些声波。如果我们把收音机调到 FM97.5，它就会只接收这个频率的声波，而其他频率的声波就会被忽略，基本上不会有太多干扰。

对人类来说，我们的运作方式有异曲同工之妙。如果想要看到内部图像，我会把眼睛转向右上方，让呼吸变浅，把身体坐直。偶尔有些时候，当我们把收音机调到第三频道，却会受到第四频道的信号干扰。人类的大脑有时也会如此。关于自己想要什么，你已经看到了那个画面，但是同时又有一个如影随形的声音在说："不，你不能这样做。"这时你接收了来自另一个频道——听觉频道的噪音。正确地运用身体状态，我们才能完成某种特定的任务，获得我们期待的结果。

2. 策略

在 NLP 中，"策略"一词是指人们如何对内部和外部图像、声音、感觉、气味和味道进行排序，从而产生信念、行为或者思维模式。我们将这五种感官称为"表征"②（representation）或"感元"(modality)。我们对这个世界的体验并不是直接的，通过内部图像、声音和身体感觉，我们得以"再现"（re-present) 这个世界。有效的策略是指我们运用最恰当的表征，

---

② 表征：将抽象的事物通过各种感官呈现出来。

并按照最恰当的次序排列它们，最终达成自己的目标。

例如在拼写单词时，表现优秀者总是会构建一幅有关这个单词的画面并进行记忆，然后和自己的感觉进行核对，确定自己回忆出来的画面是否正确。而不能很好拼写单词的人们所使用的策略是无效的，他们会读出这个单词，或者根据单词的发音来建构画面，这些策略并不能帮助他们始终准确无误地进行拼写。

如果人们在速读的时候进行默读，他们的阅读速度会受到说话速度的限制，无论他们正处于何种身体状态。因为单词是按顺序排列的，如果要说出单词，而不是运用视觉浏览单词，那么他们的阅读速度自然就会放慢。想要提高阅读速度，就需要用眼睛去看单词，直接形成与单词意义有关的图像。

优秀的运动员或者舞者，都具备观察并准确模仿的能力。你可能会认为，他们更加优秀是因为比普通人更加协调。那么，又是什么让他们更加协调呢？是因为他们在头脑中使用地图——表征排序和次感元。次感元是指每个感元的品质或者更小的元素。例如，视觉表征系统中的次感元包括亮度、清晰度、大小、位置和焦点；听觉系统的次感元包括音量、节奏和发声位置；身体感觉系统的次感元包括触觉压力或持续时间。改变表征排序或者次感元会改变我们对任何事件的主观体验，这种改变往往是非常戏剧性的。

我们每个人都拥有天赋，并非因为我们更加聪明，或者基因更加优秀，而是因为我们可以迅速有效地对某一特定技能或行为建立稳固的表征。要证明这一点，你可以回想一下你在学校里学得轻松快速、得心应手的一门科目，然后再想一门你感觉困难重重的科目。留意一下针对这两门科目你所形成的表征有何差异。事实上并不存在是否有"天赋"的问题，只是你对二者运用的策略不同而已。

3. 一致性

一致性是指我们对某种结果或行为完全的认可，这种认可不仅是意识层面，也是无意识层面的。缺乏一致性往往是某些行为难以改变的原因。戒烟、戒酒、瘦身等事情之所以很困难，就是因为我们的一部分愿意改变，但另一部分（往往是无意识的部分）却可以从我们想要改变的行为中获益。

以健康饮食为例，如果我们的"每个部分"都愿意这样做，并且我们运用恰当的身体状态，对食物的选择和摄入拥有良好的策略，那么保持身材就会变得很容易。然而，如果我们担心健康饮食会让我们丧失人生的乐趣，这件事就会非常困难。即使我们已经达到了最佳的身体状态，并学会了有效的饮食策略，如果我们并不完全情愿的话，也无法坚持健康的饮食。

有一次，我与一位想要瘦身的女士一起工作，我问她："你能告诉我，如果你恢复了苗条的身材，那会是什么样子吗？"她说："我很清楚那会是什么样子。我会像自己还是选美皇后时那样，变得不像我自己。"毫无疑问，她已经努力多年，却仍然无法成功瘦身。在还是选美皇后时，她无法掌控自己的生活。对她来说，能够随心所欲地吃自己想吃的食物，就是对生活有掌控感的体现。而变得苗条则意味着有人在管控她做的每件事情，并对她做出评判。对她来说，"瘦身"这件事远远不止事件本身那么简单。

如果我们把所有的资源和精力都投入一个内心尚未一致认可的目标

上，我们的一部分就会抗拒改变，并且很可能会阻止改变的发生。之前，我幽默地将这部分称为"内部恐怖分子"。如果我们可以保持内心的一致，就可以轻而易举地找到多种途径达成目标。

在一个更大的系统中，例如公司，如果各位员工的目标或者价值观存在不一致，那么他们在执行任何一个项目的过程中都会发生冲突。也就是说，当一致性存在问题时，即使这家公司聘用了最优秀的人才，邀请了最杰出的顾问，购买了最先进的设备，获得了最好的学习材料，也仍然无法达到期望的结果。

内部冲突（缺乏一致性）包括多种形式。比如，在"应该做什么"和"想要做什么"之间可能存在一致性问题。你可能认为自己应该为了健康而戒烟，但是却想要继续吸烟。因为只有在吸烟的时候，你才感觉做回了真正的自己。

在"可以做"和"做不到"之间，也可能会有一致性问题。你知道自己可以向老板要求加薪，因为你认为自己当之无愧，但你就是做不到。"做不到"的信念比"应该"的信念更加难以识别，因为有的人会告诉你："是的，我确实想要这样做，但我就是做不到。"看起来，他们确实是一致的（特别是在他们自己看来），但某些东西阻止了他们去完成自己想要做的事情。一般来说，他们都会觉得自己的内心被什么东西侵蚀了。（"恐怖分子"出现了。）"做不到"的信念通常源自我们无意识的印记（imprint）。我们将在第四章中对印记进行讨论。

4. 信念体系

信念是指导我们行为的框架之一。当我们真正相信某件事时，就会做出与这个信念相一致的行为。想要达到自己的目标，我们需要获得几种信念。

一种信念叫作结果预期，是指我们相信自己的目标是可以达成的。以健康为例，结果预期就是我们相信人类有可能战胜癌症之类的疾病。当人们无法相信目标（例如战胜病魔）的可能性时，他们就会感到绝望，也就不会采取合理的行动来让自己康复。

缺乏结果预期=绝望

另一种信念叫作自我效能预期[2]，是指我们相信结果是可能的，并且自身拥有达成目标的一切资源。以健康为例，自我效能预期就是指我们相信自己拥有自我疗愈的必要资源，即使需要重组这些资源。

也有人只相信别人才有可能达成某个目标，自己却毫无希望。当一个人相信自己缺乏必要的资源时，通常会产生一种无助感，而无助感也会导致他无法采取任何行动。

缺乏自我效能预期=无助

想要采取实际行动，最终获得康复，这两种信念都是必不可少的。当一个人同时感到绝望和无助时，他就会变得漠然。特别是在与可能危及生命的疾病斗争时，问题就可能变得更加严重。当我们和他人开展信念方面的工作时，就需要着重关注这两种信念或者其中一种信念。

当要求来访者对自己的结果预期或者自我效能预期进行打分时，他们经常会出现不一致的情况。例如，当我们问"你相信自己可以痊愈吗？"他会在嘴上说"当然"，但是同时却摇着头，这代表他的身体并不赞成这个观点。如果我们仅仅按照对方口中所言进行工作，就会丢失一半的信息。当来访者给出这种缺乏一致性的信息时，我们需要使用冲突整合（conflict integration）的 NLP 技巧（会在第五章中进行讨论）针对相互冲突的信念进行工作，以建立结果预期和自我效能预期的一致信念。

反应预期与安慰剂效应

我们还需要了解的一种信念叫作反应预期[3]。反应预期是指在特定情况下采取某种行动后，我们对自身变化的预期。这种预期可能是积极的，也可能是消极的。安慰剂效应就是反应预期的一个例子。

病人对并无治疗效果的"药物"——面粉制成的药丸、装有奶制品的胶囊、糖丸或者其他无效成分产生的阳性反应，被称为安慰剂效应。也就是说，只要给予病人某种安慰剂，告诉他们这种药物会产生效果，往往效果就真的会发生。安慰剂的成功率通常很高，在大约1/3的病例身上，安慰剂的疗效与真正的药物相同。

数年前，因为理查德·班德勒（Richard Bandler）和约翰·格林德（John Grinder）想要对安慰剂效应进行市场推广，我回顾过大量的相关研究。当时他们两位打算给装着安慰剂的瓶子贴上"安慰剂"的标签，并且附上小册子，告知研究已经证明，针对各种不同的疾病，安慰剂已经在若干位病例身上产生效果。

我在回顾中发现了一些有趣的统计数字。研究人员发现，对于

51%～70%的疼痛患者而言，安慰剂和吗啡的疗效相当[4]。另一项研究则从另一个角度来研究安慰剂[5]。研究人员想弄清楚安慰剂应答者对于真药的反应，所以他们提供了吗啡。他们发现，有95%的安慰剂应答者对吗啡产生了阳性反应。相比之下，只有54%的安慰剂非应答者用真正的吗啡可以得到缓解——两者相差41%。也就是说，对缓解疼痛有高反应预期的人群，他们的疼痛得到了更大程度的缓解。看到这样的数据，我们不得不对某些药物的效力产生怀疑。

另一项有趣的研究表明，反应预期（对于药物会发生何种作用的信念）是影响结果的决定性因素[6]。在这项与酒精有关的研究中，被试被分为四组：

1. 被告知会得到酒，并且确实得到了酒；

2. 被告知会得到酒，但实际上得到了安慰剂；

3. 被告知不会得到酒，但实际上得到了酒；

4. 被告知不会得到酒，并且确实没有得到酒。

被告知会得到酒的第1和第2组被试所产生的反应基本相同，他们的反应与被告知不会得到酒但实际得到了酒的第3组被试有很大差异。另外，被告知会得到酒的第1和第2组被试都变得更想饮酒，而被告知不会得到酒的被试并未产生此类反应。处于"唤起性焦虑"的情境时，被告知会得到酒（无论事实上是否得到）的男性，其心率低于对照组，而在相同的情境中，被告知不会得到酒（无论事实上是否得到）的男性心跳更快。

研究者得出结论，药物的药理作用和预期作用同时存在。研究还指出，反应预期是最重要的因素，至少对于那些受酒精影响的行为来说是如此。另一项研究指出，男性和女性在生理上的反应不同。研究者认为，他们无法通过酒精的药理作用或者男女的生理差异来解释这一现象。他们得出结论，这些反应是由于信念的作用[7]。

归根结底，这些研究都说明了同一件事。安慰剂效应（反应预期）是导致我们行为改变的极其重要的因素。我们的很多信念都与预期有关。如果我们并不期待康复，就不会全力以赴去做那些有助于康复的事情——特别是一些困难的事情。换而言之，当我们竭尽全力想解决自己的问题时，如果并不相信期待的结果会出现，或者并不相信我们拥有获得结果的一切资源，就无法有所作为并最终实现自己的目标。

如何改变信念？

我们的信念并不一定建立在逻辑框架的基础之上。恰恰相反，信念没什么逻辑性可言。信念往往与现实并不相吻合。既然我们并不真的清楚什么才是真实，那就必须建构一个信念——某种信仰。在我们帮助来访者改变限制性信念时，理解这一点是非常重要的。

亚伯拉罕·马斯洛（Abraham Maslow）讲过一个古老的故事。一位精神病学家正在治疗一位病人，他坚信自己是一具死尸。无论精神病学家如何进行逻辑严密的论辩，这位病人仍然坚持自己的信念。精神病学家脑中灵光一闪，问这位病人："死尸会流血吗？"病人回答说："这太荒谬了！死尸当然不会流血。"在事先得到允许后，精神病学家刺破病人的手指，挤出一滴殷红的鲜血。病人惊愕地看着自己流血的手指，然后喊道："我的天哪，死尸真的会流血！"

这只是一个有趣的故事，但我曾经与许多人工作过，他们与这则故事中的病人有某些共通之处。当他们罹患某种可能致命的疾病时，情况尤其如此。他们的信念是："我已经是一具死尸了——已经失去了生命，任何治疗对我都没有帮助。对我来说，最明智的事情就是停止与宿命进行抗争。"这是一个牢固的信念，因为在我们现有的知识水平下，没有人能告诉你是否会康复。

数年前，我读到过一项有趣的研究，但是我无法回忆出具体的资料来源。一位女性采访了100位"癌症幸存者"，希望发现他们有何共同点。她所定义的癌症幸存者是指那些被诊断为癌症，医生认为预后很差，但在十来年后仍然健在并且可以正常生活的患者。有趣的是，她发现，这些幸存者的治疗模式并没有什么共同之处。他们接受了各种不同的治疗，包括化疗、放疗、营养方案、手术、灵愈等。但是所有幸存者有一点是相同的：他们都相信自己所接受的治疗方法会对自己产生效果。因此，是信念，而不是治疗手段，在这里起到了关键的作用。

◉ 三类信念：原因、意义和身份 ——————————

1. 有关原因的信念

对于是什么导致了某件事发生，我们会抱有自己的信念。是什么导致了癌症？是什么让一个人具有创造力？是什么让你的事业取得成功？是什么让你吸烟？是什么导致你瘦身失败？我们所给出的答案就是对信念的陈述。

我们可能会说，"我脾气不好，因为我是爱尔兰人。""我们家族的成员全都患有溃疡。""如果你不穿外套就出门，你就会感冒。"如果我们能从一句话里直接听到"因为"这个词，或者在字里行间捕捉到隐含的因果关系，那往往就是一个有关原因的信念。

我有一些从事商业咨询的朋友正在为一家饱受疾病困扰的大公司服务，这家公司的许多员工罹患普通感冒或流感。公司首席执行官告诉我的朋友，他们正在对新大楼的空调和通风系统进行大规模的维修，因为他们认为通风不良是导致员工生病的原因。朋友后来发现，每位员工都患病的那个办公室，在过去的四个月里经历了四次重大重组。是什么导致办公室里这么多员工都患上流感？是重组的压力，还是通风系统或者细菌？我们过去经验的过滤器（filter）塑造了有关原因的信念。如果我们相信原因"X"会导致某件积极的事发生，就会引导自己的行为去往让"X"发生的方向。相反，如果我们相信"X"会带来消极的后果，就会阻止它发生。

2. 有关意义的信念

还有一些信念与意义有关。这些事件意味着什么，或者什么是重要或必要的？如果患上癌症，这对你来说意味着什么？如果患上癌症，这是否意味着你是个糟糕的人，或者正在接受惩罚？这是否意味着你想要自杀？是否意味着你需要改变自己的生活方式？如果你无法戒烟，这意味着什么？是否意味着你很虚弱？是否意味着你是个失败的人？是否意味着你内心分离的两个部分还没有整合？

18

有关意义的信念会产生与信念相一致的行为。如果你认为难以戒烟与内心的两个部分尚未整合有关，就可能会努力去整合它们。如果你认为这意味着自己很虚弱，可能就不会尝试进行这样的整合。

3. 有关身份的信念

有关身份的信念包括原因、意义和边界。是什么让你去做某件事？你的行为意味着什么？你的边界和限制性信念是什么？当我们改变对自己身份的信念，这意味着我们在某种程度上会成为一个不同的人。有关身份的限制性信念包括："我是没有价值的。""我不配获得成功。""一旦我得到自己想要的，就必定会失去某些东西。"有关身份的信念往往会阻止我们做出改变，而我们很难清楚地意识到它们。

让我们讨论一下恐惧症，以此作为对比。在恐惧症中，我们的行为通常与我们的身份无关，这也是恐惧行为往往很容易被改变的一个原因。理查德·班德勒曾经和一位害怕接触虫子的女性工作。理查德说："你必须经常接触虫子吗？你并不是饲养虫子的农夫，对吗？"她说："不是，只是害怕接触虫子并不符合我的身份。"于是理查德帮助她迅速减轻了恐惧。

对虫子的恐惧与她对自己身份的定义无关。这样事情会更加简单，而要改变已经成为身份一部分的事情就要困难得多。在我和一位女性来访者工作的过程中，每当她突然发现自己即将发生自己所期待的改变时，她就会说："我不能这样做，因为那样的话，我就不再是自己了。"这样的情形反复发生，我都记不清有多少次了。

信念对于一致性的影响是巨大的。例如，在欧洲举办的一个工作坊上，我和一位有严重过敏症的女性一起工作。当我进行核对后，确定这种改变对她来说符合整体平衡 (ecological) 的原则时，她变得不知所措。原来她是一位过敏症专家，如果通过 NLP 改变她的过敏症状，那么她作为医学实践者的身份就会被打破，这需要她的职业身份发生重大的改变。

总而言之，信念包括有关原因、意义及身份的信念。这些信念可能与你周围的世界（包括他人）有关，也可能与你"自身"和你的身份有关。信念在很大程度上是无意识层面模式化的思维过程。由于它们几乎是无意识层面的，所以我们很难识别它们。在试图识别信念或者信念体系时，我们需要留意和避免三大类陷阱。

◎ 识别三大陷阱信念

1. 梦中有鱼（Fish in the Dreams）

第一类陷阱，我称之为"梦中有鱼"现象。这个词来自曾经在洛杉矶电台播放的一出广播喜剧，知名 NLP 作者、课程开发者和讲师大卫·高顿（David Gordon）跟我提到过这出喜剧。有位精神分析师相信，梦中有鱼是所有心理问题的根源。当来访者找他倾诉自己的问题时，分析师就会打断他们：

精神分析师：不好意思，你昨晚没有做梦吧？

来访者：我不知道。我想可能做了。

精神分析师：你没有梦到鱼吧？

来访者：呃……没有，没有。

精神分析师：你梦到了什么？

来访者：嗯，我梦到自己在街上走。

精神分析师：排水沟边上有水坑吗？

来访者：嗯，我不知道。

精神分析师：可能会有水坑吗？

来访者：我想，排水沟里可能会有水。

精神分析师：水坑里会不会有鱼呢？

来访者：不……没有。

精神分析师：梦里的街道上有饭店吗？

来访者：没有。

精神分析师：但是可能会有饭店。你是走在街道上，对吗？

来访者：嗯，我猜可能会有一家饭店。

精神分析师：饭店会供应鱼吗？

来访者：嗯，我猜饭店会的。

精神分析师：啊哈！我知道了。梦中有鱼。

在识别信念的过程中可能会发生一个问题，即助人者总是喜欢寻找一些证据，来支持自身对他人所抱有的信念。我认识一位童年期有过性虐待经历的治疗师，她在与来访者工作的过程中，总是试图找到他们被虐待的经历。她成功地找到了大部分来访者被性虐待的经历——无论在这些来访者的经历中，这种虐待是否确实发生过。

2. 红鲱鱼^①（Red Herring）

当人们说出自己的信念时，为了让自己的某些行为看起来更有意义，他们会编造各种奇奇怪怪的逻辑。弗洛伊德提出过自由浮动性焦虑（由于无意识冲突引起的焦虑）的概念。他认为存在这类问题的来访者完全被焦虑所占据，因此他们会构建出自己为什么会焦虑的合乎逻辑的理由，而这些理由其实与他的焦虑情绪并无关联。

我们将这些理由称为"红鲱鱼"。如果你曾经与强迫症患者工作过，那么就可能会看到这种现象。例如，一位女性可能对自己为什么害怕细菌有自己的解释，而她的解释一般与那些感受的来源无关。弗洛伊德认为，那些恐惧往往从被压抑的性感受中发展而来。而我发现，她所体验到的感受通常是无意识内部冲突的结果，一般与性无关。

3. 烟幕 (The Smokescreen)

还有一种叫作"烟幕"的问题行为会妨碍我们对信念进行识别。当我们针对信念，特别是与身份有关的信念（或者处理起来非常痛苦的事件）工作时，这种信念往往会被隐藏在烟幕之后。

当来访者突然大脑一片空白或者开始讨论一些与主题无关的内容，就好像是进入了一片混沌之中，我们就可以确定这是烟幕。我们必须意识到，来访者往往会在我们极其接近真正的核心事件时突然变得"迷糊"起来。就像章鱼或者鱿鱼喷出一团墨水来躲避捕食者一样，来访者往往会因为自己——或者自己的一部分——感到害怕而释放烟幕。他们所面对的是与身

---

① 红鲱鱼：为分散注意力而提出的不相干的事实或论点。

份有关的信念——这种信念是令人痛苦或者不快的——他们不愿意承认自己这种信念，哪怕只是对自己承认。

经常会有人说："当你问我这个问题时，我就是什么都想不起来。"如果我们利用来访者的某一种感受来回溯其早期的印记经历（imprint experience），她可能会说："我可以记起那段早期经历，但是这与我的问题无关。"有些时候，她会开始告诉你一些风马牛不相及的经历，或者她变得非常混乱，完全无法作答。

总而言之，识别信念的过程中可能存在的三个主要问题是：

1. "梦中有鱼"现象，即反映了咨询师自身所持有的信念；

2. 红鲱鱼，即来访者并未意识到导致自身感受的真正原因，而牵强附会地创造出一些解释；

3. 烟幕，即来访者阻断或隔离某些信念，以避免直面这种信念。

◉ 如何正确识别信念 ————————————

成功地躲过了这些陷阱之后，我们如何来识别信念呢？显然，在对无意识的信念进行工作时，我们不能问来访者："你的那个限制性信念是什么？"因为他并不清楚。你会得到如下两种回应：他可能会回答你，也可能不回答你。如果他回答了，可能是给你一条红鲱鱼，或者在施放烟幕。如果他不回答，则可能是因为毫无头绪而陷入了僵局。要界定信念是很困难的，因为它们已经成为日常经验的一部分，我们很难跳出圈外把它们清晰地识别出来。

我们常常可以通过烟幕来找到限制性信念。在陷入僵局时，我们可能会得到来访者这样的回应："我不太清楚……"或者"对不起，我就是什么都记不起来。""这太疯狂了，不符合逻辑。"不可思议的是，这些恰恰是我们所期待的答案，因为由此我们知道，限制性信念已经近在咫尺了。

限制性信念的表述方式通常与元语言模式（meta-model）相反[8]。表明信念最为常见的语言模式是情态动词（modal operators）和命名法（nominalizations），一般是关于某人能做或者不能做什么，想要或者不想做什么，应该或者不应该做什么。我们也可能会听到这些："我就是这样的。""我是个差劲的拼写者。""我是个胖子。"这些陈述都是有关身份的信念，这些信念限制了人们对自身的认知及促成改变的行动。

人们也可能以因果的方式来陈述自己的信念，例如"如果 / 那么"的句式："如果我不祈祷，那么就会受到惩罚。""如果我坚持己见，那么我就会被拒绝。""就在我走向成功的时候，一切都会化为乌有。"

通过发现问题情境的方式，即来访者尝试了各种方法（包括 NLP）促成改变，但却无济于事，我们也可以识别来访者的信念。当我们询问："当你无法改变这件事时，这对你来说意味着什么？"有时来访者会用有关身份的信念来回应。那我们可以继续问来访者："你真正想要的是什么，又是什么妨碍了你得到它呢？"我们可以对获得的回应（一种糟糕的感觉、一片空白等）设置心锚（anchor），回到产生这个信念的经历中对它进行搜索。当我们对使用 NLP 针对信念进行工作的一些方法进行演示之后，读者们就会更加清晰地了解如何识别信念。

如果想要改变自己所持有的身份信念或者限制性信念：

1. 我们必须了解如何做到；

2. 我们必须对所期待的结果保持内心的一致；

3. 我们还必须抱有这样的信念：我是有可能发生改变的。

如果缺失了上述任何一项，改变都不可能彻底发生。或许我们想做某件事情，并且相信自己可以做到，但是并不知道怎样去做，没有适当的身体状态，或者缺乏合适的策略，那么就会遇到困难。即使我们拥有了一切必要的能力，接受了完善的培训，万事俱备，但是如果内心并不一致，或者并不相信自己能够做到，那么仍然无法获得自己所期望的改变。

◉ 信念与现实的构建 ──────────────

一个人如何形成对某件事的信念呢？是通过他的感觉吗？如果是通过感觉，那么他如何了解自己的感觉呢？他是因为看到了什么或者听到了什么而产生感觉的吗 ? 其策略的基本方向是什么？

来访者可能会无数次这样说："我不明白，我已经告诉自己一千万次了，当我再次陷入那种境地时，不要再有那种感觉了。"或者"我向自己保证，跟那个人交谈时不会再紧张，但是亲身经历时，我仍然觉得紧张。"向自己保证会做出改变并没有什么作用，是因为我们获得这种感受的策略与我们的自我对话并没有关联，而是与自我形象、两幅画面的比较，或者某种其他策略有关。

还有人会说："好吧，我一遍又一遍地试图视觉化，但是有种感觉告诉我，这样没什么用。我无法理解这一点，因为我确实非常擅长构建清晰的画面。我可以看到自己获得升迁，并且在新职位上游刃有余，但是某种感觉告诉我，我会失败。"如果我们知道如何观察和倾听这些内部的连接，就能发现来访者是如何构建自身的限制性信念的。

通常人们会因为他们构建的内部图像而产生感受，有时候画面的类别是最为关键的。有时次感元会存在非常细微却大相径庭的差异，这种差异会决定我们是否对某件事情产生强烈的感受（本书第三章中将会演示如何找出这些差异）。我们需要收集充足的高质量（行为）信息，以清晰地了解应当如何干预，这一点非常重要。

许多 NLP 实践者之所以陷入困境，是因为他们相信 NLP 的效果应该是非常快速的。20分钟之后，如果改变还没有发生，他们就以为自己做错了。这样的信念可以帮助他们加快干预的速度，然而，有时候花费更多的时间来寻找限制性信念的关键要素是值得的，而增加资源并不是最重要的。无论使用何种技术，了解我们要改变什么比添加资源的过程更为重要。接下来的两章将要讨论如何找到人们构建现实和信念的方式。识别了人们的思维结构之后，我们才可以准确地了解如何有效地干预。

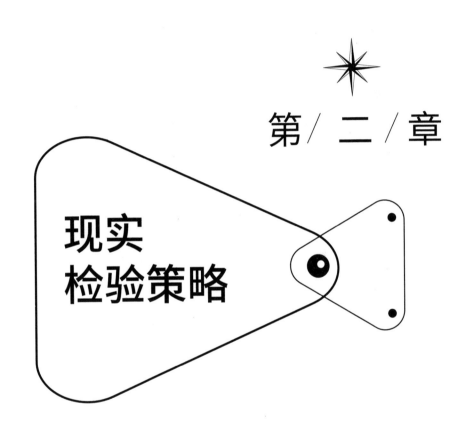

第 / 二 / 章

现实
检验策略

我们以为自己在童年亲身经历的事很多时候都只是一个梦或者幻想。许多成年人仍然不确定他们印象深刻的儿时经历是真实发生的，抑或只是自己的想象。另一种常见的经验是，你非常确定自己告诉过别人某件事情，但是他们却说你并没有，后来你才意识到，自己曾经在脑海中预演过，但却没有真正跟他们谈起。

◎ 区分想象与记忆中的体验

人类永远都无法确知什么才是现实，因为我们的大脑并不真正了解想象中的体验和记忆中的体验之间的区别，对二者进行表征时所使用的脑细胞其实是相同的。因此，我们必须发展出一个策略，这个策略可以告诉我们，通过感官接收到的信息通过了某些测试，而想象中的信息并没有通过测试。

我们来做一个小小的实验。想一件你昨天本来可以做但是并没有做的事情，例如购物。然后，再想一件你确实做过的事情——例如去上班或者和朋友聊天。在内心对两件事情进行比较——怎么才能确定你并没有做这件事情，而是做了另外一件事情？两者的差异可能是很细微的，但是你的内部画面、声音和身体感觉的品质会有不同。在将想象中的体验和真实体验进行对比时，检查一下你的内部体验——它们在你视野中的位置是否相同？是否一个比另外一个更加清晰？是否一个是移动的，另一个是静止的？内部声音的品质会有差异吗？与想象中的体验相比，我们在真实体验中所获得的感官信息品质的编码更为精确，这就是二者的区别。帮助我们了解这种差异的策略，叫作"现实检验策略"（reality strategy）。

许多人试图通过对自己获得成功的场景进行视觉化来进行自我改变或者调整。对于天生就会使用视觉化策略的人来说，这样做效果的确不错。而对于那些运用听觉策略、告诉自己"你可以做到"的人来说，这种视觉重构（reframing）并不会产生任何效果。如果想要让来访者认定某件事物是真的，或者说服他，我们必须确保输入的内容符合他的现实检验策略标准，与他的内部画面、声音和感觉的品质相一致（这些品质叫作次感元）。因此，要帮助来访者做出行为改变，我们需要确定这个设定是适合于来访者的。通过了解自己的现实检验策略，我们也可以精准地判断出，需要怎样的认知过程才能让我们相信自己有可能实现它。

◉ 现实检验策略演示

接下来，我邀请乔来帮我演示现实检验策略的操作。我们想要探索一下，在确定某件事是否真实时，乔使用了哪些内部表征和检验方式。当你们观看这次演示时，我希望你们记住几条策略引导的一般规则。

第一条规则是在引导策略时，要尽可能在此时此地充分地引导他的策略。我会让乔现场演示他的现实检验策略，而不是让他记住些什么。我将会使用现在时的语句来让他与自己的体验保持连接。

第二条规则是对比。我会对乔的真实体验和想象体验进行对比。通过使用对比，我可以识别其思维过程中的差异——我并不关注那些相同的部分。我们通过检验这些差异来确定他的现实检验策略。

罗伯特：我们开始吧，请你想一个自己做过的简单动作，这个动作不包含任何情绪成分。有什么事是你确定昨天做过的？

乔·坐火车和公共汽车来到这里。

罗伯特：现在选一件你本来可以做，但并没有做的事情。

乔：吃一个冰激凌。

罗伯特：你本来可以吃一个冰激凌，但是你没有。从可能性角度来说，这完全符合要求。

乔：哦，实际上，等一下……

罗伯特：你确实吃了一个冰激凌，是吗？（笑声）你的冰激凌上面放了什么？

乔：只放了燕麦。

罗伯特：所以你只放了燕麦。什么是你本来可以放，但是没有放的？

乔：我本来可以放点热巧克力。

罗伯特：你本来可以放点热巧克力。

（对各位学员）策略有一个奇妙之处，就是它对任何检验内容都是适用的。相信我，乔在确定哪个是真实的、哪个不是真实的时，他对热巧克力和燕麦的区分，与对其他真实性问题的区分并无二致。无论识别真实性的对象是什么，或许是热巧克力，也或许是和亲人好友闹矛盾，其中的过程都是相同的。

罗伯特：你怎么知道自己坐了火车和公共汽车，并且加了燕麦而不是热巧克力呢？你怎么知道自己实际上是做了这件事，而不是另一件呢？

（对各位学员）仔细观察，他会给我们答案。

乔：好吧，我知道自己加了燕麦，是因为我努力回忆并且想起来了，所以我知道自己一定加了燕麦。

罗伯特：这非常有意思，因为按照我过往的经验，现实检验策略一般会在稍晚一点的时间出现。乔说"好吧，我首先想到了燕麦，所以从逻辑上来说，我一定加了它"。那你是怎么知道刚刚坐在这里的时候，自己进行了回忆呢？

乔：（眼睛朝向左上方）好吧，当你让我回忆昨天做过的一件事情……

罗伯特：你进行了视觉化……

乔：是的。（眼睛再次朝向左上方）

（对各位学员）就像我刚才所说，我们对真实性的检验是一系列的过程。我看到乔所做的并不仅仅是构建一个画面，尽管他一开始是这么做的。一般来说，我们不会对第一次现实检验产生怀疑，因为当我们想自己做了什么事的时候，脑海中就会浮现出某件事情，并且似乎只有那件事情，我们不会对脑海里的一幅画面产生怀疑。但是当我们有两幅不同的画面时，就会对它们的真实性产生怀疑。

罗伯特：你昨天到底做了什么？这次我想请你对热巧克力进行视觉化。

乔：我并没有加热巧克力。

罗伯特：没错。但是我会请你想象它的画面，这样你就会了解真实和想象之间会有什么样的差异。一开始当我说"昨天你加了什么"，你看到的是燕麦，而不是热巧克力。现在，我想请你回去重新经历这个过程，因为我认为你更多的是进行了理性检验，而不是看到了加了燕麦的冰激凌的画面。现在我要求你建构两幅画面：一幅是加了燕麦的冰激凌，另一幅是加了热巧克力的冰激凌，并且让这两幅画面看起来非常相似。我会再次问"昨天你加了什么？"然后我会请你按照燕麦冰激凌的内部视觉品质来对热巧克力冰激凌进行视觉化。

乔：你说这些话的时候，我都照做了。

罗伯特：好的。昨天你加了什么？

乔：（不一致地）啊……我在冰激凌上加了……热巧克力。

罗伯特：你真的加了吗？

乔：没有。

罗伯特：好的。你是怎么知道的？

乔：这是个好问题，因为我可以建构一幅很清晰的加了热巧克力的冰激凌的画面。我已经建构了很多次了。这并不是一个凭空出现的画面。从某种程度上说，这已经成为我的一部分。

罗伯特：但你仍然知道自己加了哪一个。这非常重要。现在你有两个同样清晰的画面。你可以同时看到它们。如果我说："你加了什么？"你可以看到两幅画面。你怎么知道哪一个是你真正加了的呢？

乔：这是个好问题。我猜并不仅仅是从画面来判断。

罗伯特：好好想想。你是否确定自己到底加了哪一个。

乔：啊……是的。

罗伯特：很好。（笑声）什么让你这么确定？

乔：我可以看到它的背景。

罗伯特：这也很棒。

（对各位学员）所以这里还有一件事需要讨论。一般来说，我们的第一反应就是刚刚接收到问题时脑海中出现的任何内容。即使我们在这里讨论的是一件很小的事，也仍然可以放到信念的背景中去。我们问某个人："你是个优秀的拼写者吗？"

> "不，我不是。"
>
> "你是怎么知道的呢？"
>
> "我从来都不是。"
>
> 第一反应是脑海中出现的任何内容。乔接下来说的是："并不仅仅是我脑海中出现了画面，它周围还有背景。"
>
> 让我们看看背景是指什么。从乔的解读线索来判断，我猜测我们会发现内部画面。

罗伯特：你可能会看到自己拿出了燕麦。燕麦不会突然变成热巧克力，因为你可以清晰地看到加了热巧克力的冰激凌的静止画面或者形象。是这样吗？

乔：完全正确。猜得不错。

罗伯特：好的。你在那里看到了什么？（指向乔视线移向的左上方）

乔：刚好是晚餐时间，我吃的其他食物都在那里。我的妻子在那儿，但是那个场景里没有热巧克力。

罗伯特：你可以把热巧克力放进去吗？

乔：是的，可以。

罗伯特：你可以对它进行视觉化吗？

乔：它就在我的脑海里。

罗伯特：昨天晚上晚餐后，你在冰激凌上加了什么？

乔：燕麦。

罗伯特：你是怎么知道的？当我询问的时候，你有没有既看到燕麦又看到热巧克力？你是如何确定的呢？

乔：我听到自己这样说的。

罗伯特：噢，你听到自己这样说的。很有意思。你的头脑里有一个声音，告诉你什么是真实的。

（对各位学员）我会做一点推进，接着你们会慢慢看到改变的发生。你们也会看到乔会在瞬间变得困惑。

罗伯特：你听到一个声音……

乔：我们坐在这儿的时候，我刚刚告诉过你……（乔强调"告诉过"这个词，表明这是一个内部声音。）这更像是一个习惯。我已经告诉过你我加了燕麦，所以……

罗伯特：这是个习惯？

乔：我说了至少有六次了。

罗伯特：当谈到热巧克力时，是什么让它看起来同样很熟悉？

乔：我本来想要加它的。我有加上热巧克力的记忆。

罗伯特：重复可以让事情变得真实和熟悉。你需要看到它，并告诉自己加了它多少次？六次？

乔：我不知道。

罗伯特：我会问你六次"昨天在冰激凌上加了什么"，然后我想让你想象热巧克力的画面，并且说"热巧克力"。你愿意这样做吗？

乔：当然。

罗伯特：你昨天在冰激凌上加了什么？

乔：热巧克力。

罗伯特：味道好吗？

乔：非常棒。

罗伯特：再来一次，你昨天在冰激凌上加了什么？

乔：热巧克力。我不得不急急忙忙地把它做好，因为我赶着出门。

罗伯特：你加了什么？

乔：热巧克力。

罗伯特：让我们等一小会……

乔：实际上那是花生酱巧克力。（笑声）

罗伯特：它很热还是……

乔：如果可以让它凉一点就更好了，这样它就不会化掉太多的冰激凌。非常美味。

罗伯特：好的。现在它们搭配得怎么样？你加了什么？

乔：我加了热巧克力。

罗伯特：好的。（笑声）

（对各位学员）我们只是进行了一些尝试。这和我们在肯定句中所使用的策略是相同的。如果我们重复某件事足够多次，就会觉得这件事变得更加真实。

罗伯特：昨晚你加了什么？

乔：我加了燕麦。

罗伯特：现在你是怎么知道的？

乔：画面是不一样的……

罗伯特：想一下燕麦。好好想想它。我要你对它进行视觉化。对。很好。现在对热巧克力进行视觉化，真正地视觉化。（我注意到乔展示出不同的身体状态。）乔，当你对这两件东西进行视觉化的时候，我要你并排看着它们。它们现在是并排着的还是互相重叠的？

乔：目前为止，我只能在不同的画面中想起它们。

罗伯特：当你对燕麦进行视觉化的时候，它出现在你视野的哪个地方？

乔：大概在这里。（身体朝向左中部）

罗伯特：大概在这里。（重复乔的姿势）当你对热巧克力进行视觉化的时候，画面在哪里？

乔：我想大概是相同的位置。

罗伯特：这里？（身体稍朝向右中部）两个画面的品质有何不同吗？现在对比一下。

乔：刚刚那个过程让我认为它们是一致的。所以没有差异。

罗伯特：好的。我要你把视线放到那里，在那里对热巧克力进行视觉化。（身体朝向左中部）可以吗？现在，把燕麦放到那里。（身体朝向右中部）明白了吗？你加了哪一个？

乔：（沉默了很久，脸上浮现出困惑的表情，众人发出笑声）……我加了……燕麦。

罗伯特：很好。

（对各位学员）重点在于，我们可以开始看到他的大脑运作有些迟缓了。当然，你们可以把这解释为极端个例，认为我并没有真正成功地影响到他。我这样做不是因为我想让乔混淆现实，只是想要向他证明，他确实可以发生改变。如果我想要让乔获得更多新的行为选择，就需要识别他的现实检验策略。

乔赖以确定真实性的唯一事物是脑中存储的表征（画面、声音和感觉）。由于我们的大脑并不清楚被建构的形象（我们所创造的）与记忆中形象的差异，所以可以想象出当我们对十年前发生的事情进行回忆时，大脑会变得多么混乱。当我们回忆一个梦时，并无法确定自己是否真的做过这个梦还是杜撰了这个梦。我们如何知晓什么才是真实的呢？

乔：在确定差异时，次感元的区分对我来说似乎真的很重要。热巧克力的背景并没有那么明亮，没有那么聚焦，并且……

罗伯特：他在告诉我们接下来可以做些什么。我们不再往下演示这部分了，乔可以在后面的练习中进一步探索。

我即将邀请你们进行的练习对于探索我们的现实检验策略是非常有帮助的。乔所依赖的是在一刹那间闪入他脑海的一些画面、声音和感觉。无论何时，在我们决定自己相信什么时，我们并不会坐下来分析自己的脑海里发生了什么。次感元是否存在着某种模式？有画面或者声音吗？诸如此类。有的画面可能包含着感觉，而另外的画面可能却没有。我们没有机会有意识地对这些转瞬即逝的思维过程进行分析。一般来说，我们会抓住出现在脑海的第一个画面或者声音，并且认为那似乎是真实的——让我们印象最深刻的。正因为如此，找到我们自己的现实检验策略非常重要。每个人的策略可能都会有所不同，了解我们如何确定事物是真实的会带来很大帮助。

⊛ 现实检验策略练习

我想请大家按照下面的方式来进行练习。

第一部分

A. 选择自己做过的一件小事，再选一件本来可以做但是没有做的事情，确定这件事情是你完全有可能会去做的。以在冰激凌上放花生酱为例，如果你并不喜欢在冰激凌上放花生酱，那么这件事就不适合作为"本来可以做但是没有做的事情"。

B. 确定自己如何区分做过的事与本来要做的事。你首先想到的一般就是最明显的现实检验方式。你可能会看到这件事的画面，但看不到另一件事的画面，接着你可能会留意到与画面有关的其他细节。乔就发现了次感元的差异，他看到了相关的画面并补充了一些其他内容。他说有关自己做过那件事的画面看起来更加明亮。

第二部分

C. 选择童年曾经发生过的两件事情，确定知晓它们真实发生过。你会发现，要确定过去发生过的事会更加困难一些。拿乔的例子来说，我们选择了24小时内发生的事情，却仍然可以对现实感进行转换。而当我们对24年前发生的事情进行思考时，这个决策过程会变得更加有意思，因为我们的画面不会那么清晰，甚至可能被扭曲。有时候，人们之所以知道这件事确实发生过，是因为真实事件的画面比自己假想的事件更加清晰。

D. 想象一件你并没有做的事情，就像你做过的那件事那样去想象。当你看到的画面和已经做过那件事的画面品质比较相似后，将表征系统转换到听觉或者身体感觉。比如，乔切换到了连续背景（ongoing context）。他说："我可以进行现实检验，是因为几分钟前当你问我哪个是真实发生的，我告诉你加了燕麦是真实的，并且我可以记起这件事情。"他的这段记忆并没有被改变。

我们需要小心翼翼地改变自己并未做过那件事的表征，让它看起来跟你做过的事情一样。希望你们至少能达到不得不认真思考哪个经历是真实的程度，就像乔一样。

这个练习的目的并不是混淆你们的现实检验策略，而是发现你们有哪些现实检验策略。记住，我们在引导策略，而并不是在试图摧毁策略。

注意：你可以在需要的时候随时暂停进程。当有人对你的现实检验策略进行引导和探索时，如果你开始感到害怕（有时会如此），可能会听到嗖嗖的声音，或者会感到晕眩（我们可能会得到各种信号），你有权在自己感到不适时要求对方停下。

讨论

让我和大家分享一下约翰·格林德和理查德·班德勒在我们第一次学习NLP时所传授的内容。他们请我们选择在某一天发生的一些成功或失败的经历，并找到我们做出决定的那个节点。针对每一段经历，我们选择三种自己可以采取的明智行为，并且按照我们的现实检验策略来想象这三种行为，运用相同的次感元对它们进行完整、鲜明、动态的呈现。

无论这些行为是否成功，我们都可以发展出更多的行为选择。如果这是一次消极的经历，我们往往会发现只要做一件事，就可以让自己的行为更加明智：以积极的方式来重演整段经历。当我们下一次再遇到类似的消极经历时，就不会再回到过去，无意识地联想到上一次（以及上两次和上三次）自己做了什么。在这个做出决定的节点，我们现在拥有了一些新的选择，将以一种新的方式做出回应。

我提出过这样一个观点："成功对创造力的限制并不亚于失败。"这是因为，每当我们回忆起一次成功时，我们的记忆力往往会变得超强，感觉也会非常舒服。我们很可能会一次又一次地重复做同样的事情，而并不想去探索其他的选择。我们停止进行创造，陷入僵局，因为旧的行为不再起作用，并且我们并没有任何新的选择。

美国汽车工业就是一个很好的例子。多年以来，这个行业一直非常成功，但是现在似乎已经无法迅速有效地应对不断变化的需求和国际竞争。我听说，如果汽车工业和计算机行业一样快速变革的话，一辆凯迪拉克只需要2.75美元，并且一箱油可以行驶100万英里。计算机行业为了适应新的现实和需要，已经进行了变革和完善。但是美国汽车行业的创新却如此缓慢，并且长期以来都故步自封。

⚜ 答疑

男学员：当您和乔工作的时候，您几次让他对放热巧克力进行视觉化。对于这种重复，您可以再做一些解释吗？

罗伯特：我想跟你分享一位来访者的故事。我曾经与一位护士一起工作，当时她的抑郁情绪非常严重，她计划带着两个孩子服毒自杀。她告诉我，自己愿意做任何事来让自己的情绪好转。我说："首先，你要愿意改变自己的状态。让我们看看你有没有一些美好的回忆。"当然，和大多数抑郁者一样，她拒绝了。

请注意，实际上我并不是在请求她告诉我一段记忆，而是请求她做出一个判断。其实我是说："回想一下过去，找到一段记忆——对这段记忆，你做出了判断，认为它是愉快的，然后告诉我。"这是一个复杂的问题，并且她的回忆是否正确实际上无关紧要。这个问题的作用是让来访者对什么是愉悦的回忆这件事做出评判和决定。我想要改变这位女性的状态，因此我说："如果现在你改变呼吸，把身体坐直，看向右上方，并且想象一些积极的事情，会发生什么呢？"

她的眼睛看向右上方，开始想象一些积极的事情。我看到了似乎非常积极的身体状态变化。然后她突然停下来，视线落回来向下看，又回到了抑郁的状态。我问她："发生了什么事？你想起了一件糟糕的事情，或者有什么事突然阻止了你吗？"她回答："不是。"我问她是什么让她停了下来。她回答说："让我的眼睛往上看感觉很滑稽。我对此感到很陌生。"

我们来思考一下这个回应。这位来访者的心情如此低落绝望，以至于想要毒死自己的孩子。然而在做一些让她感觉良好的事情时，她又会戛然而止，因为这对她来说很陌生。所以，我问她怎么确定自己是否熟悉。她说："我以前可能做过的事，我会觉得熟悉。"我让她一次、两次、三次不断向上看，最后在十次左右之后，她感觉这样做相当熟悉了。这是她治疗中的一次重大突破。曾经做过某件事会成为一个有力的证据，可以说服来访者相信自己的体验是真实的。重复做一件事之后，人们就会更加相信它是真的，也会对它习以为常。

乔的内心有一部分可以确定自己的哪些经历是真实的，因为在策略引导的连续背景（这与他昨天做了什么已经没有关联）环节，他告诉我们自己放了燕麦的次数比放了热巧克力的次数更多。因此，重复是非常有说服力的。

如果有人告诉你，三十年来他都无法做到某件事（比如唱歌不跑调），这意味着什么呢？这就能证明他真的做不到吗？并非如此。这只是意味着，长期以来，他一直在试图以错误的方式完成这件事，并不意味着他做不到。我把这段话重点标注出来，是因为经验的重复非常重要。其中的一个原因是我们都会经历一个被称为阈限的过程，阈限的概念适用于信念、现实检验策略或者学习策略。

如果你拿着一根小金属条，把它瓣弯，它很快会回到以前的形状，即使已经有一点弯曲。如果我拿着金属条反复瓣扯，它最终就会断裂。无论我做什么，它都无法恢复原状，除非我重新浇铸或者焊接。这根金属条已经超出了一个阈限，当我瓣断它的时候，这根金属条突然经历了迅速的变化。当你让一个人经历如此戏剧性的转变时，同样的事情也会发生，这会让他的过去看起来远不如现在那么真实，这就是我们大脑的工作方式。

女学员：现实检验策略和新行为发生器[④]（new behavior generator）有什么关系？

---

④　新行为发生器：来访者对自己表现不尽如人意的情境进行回顾，添加新的资源来塑造新的行为。

罗伯特：进行新行为发生器练习时，我们想象自己运用新的资源做某件事情。如果我们没有通过自身的现实检验策略来对新的经验进行过滤，那么就只是在假装。另一方面，假装与真正改变的区别是什么呢？如果我们假装的时间够长，这件事就会变得无比真实。

男学员：对我来说，坚持我的"真实性"而不去改变它真的非常重要。

罗伯特：你是否有过怀疑真实性的经历？

男学员：有过。

罗伯特：我们的目标并不是混淆你的现实检验策略。如果你想要改变现实检验策略，我们会回到你对真实性产生怀疑的时间点，并通过适当的资源让你重新体验。我们所获得的许多信念都是在5岁的时候，由我们的父母、重要他人或者媒体所灌输的，他们往往并不知道如何灌输好的现实检验策略。在现实检验策略发展完善之前，我们的大脑已经被灌输了很多信念。如果我们拥有良好的现实检验策略，要么是因为运气好，要么是我们曾经因为犹豫不决有过很糟糕的经历，因而逐渐明白怎样获得好的现实检验策略。

尽管我们大多数人对什么是真实的确信无疑，但当我们了解到有多少所谓的事实实际上是自己所建构后，一定会感到无比讶异。我们很可能曾经相信过圣诞老人，但是后来改变了自己的信念。我们可能会发现，自己所拥有的信念和相信的事实，是在我们缺乏获取高质量信息所需要的资源时所形成的。例如，孩子经常将梦与现实混淆起来。而有时候现实检验策略过于强大，反而会妨碍人们运用自己的想象力这种资源。这里，我们需要一种非常微妙的平衡。

有时，人们会将糟糕的经历"模糊化"，假装它们并未真正发生。他们会轻描淡写地把糟糕的经历轻轻带过。还有些时候，人们会把经历夸大得比实际情况更加严重。

如果来访者坚持25年前发生的真实事件决定了自己的人生方向，并且想要改变它，你会怎么做呢？你可能需要首先针对这个信念进行工作："因为自己获得的信念，我已经浪费了整整25年生命了。"

例如，有一位女性来访者经历了很多身体和情绪上的问题，这些问题严重到足以威胁她的生存。她的内心有一个"声音"，给她制造各种各样的麻烦，这是问题的根源所在。我们针对她的一次过往经历给予了一些资源，以此改变她的身体形象（body image），并且也给予了发出"声音"的那个内心部分一些新的资源。当我们将所有这些资源整合在一起时，她变得非常悲伤，好像失去了什么。当我问她发生了什么时，她说："我终其一生的目标就是活下来，生存一直是我面临的挑战。现在我拥有了这些资源，就好像我的一部分消失了。我现在还能为什么而活呢？"对于来访者来说，这并不是一件坏事，因为咨询师可以说："你想要为什么而活呢？什么是有价值的使命呢？如果不用一直为生存而挣扎，什么才是你的目标呢？"

当我们进行了出色的工作，帮助来访者发生翻天覆地的改变时，关于使命的问题很可能就会浮现。我们可能无法预先知道问题的答案，如果在针对其他问题进行工作之前，我们先针对使命的各种可能性进行工作，并为来访者提前设定新的可能性，那么我们的工作会变得更加轻松。

你们中有多少人与自己的现实检验策略进行斗争，并在试图改变自己行为的时候陷入僵局呢？我听到人们说："我已经付出了一切来改变自己，但我不想欺骗自己。"他们在说："如果我运用自己的现实检验策略来过滤新的信念，让自己对这个信念信以为真，那我就是在欺骗自己。"无论怎么做都不对，这就是一种让人无所适从的双重束缚（double bind)。即便是在对一些琐碎小事进行现实检验的时候——比如是加了热巧克力还是燕麦，我们也会直面一些非常重要的信念或者冲突。

　　了解现实检验策略的价值并不在于确定我们的生命中真正发生了什么。相反，它可以让我们建立一系列的决策检验和行为检验。只有通过了这些检验，我们才愿意相信某件新事物是真实的，或者愿意真正采取行动。在把事情清晰化，或者确定它符合自己的身份之前，我们是不会采取行动去做这件事的。

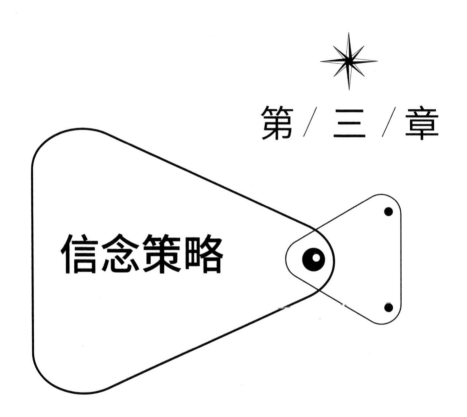

第／三／章

信念策略

信念策略（belief strategy）是指我们获得和维持信念的方式。和现实检验策略一样，信念策略也有一致的画面、声音和感觉模式，这些模式在很大程度上是在无意识层面运作的。信念策略是我们用以判断某事是否可信的实证过程，我们依赖的证据通常以次感元（画面、声音和感觉等）的形式存在。

◉ 信念策略：获得和维持信念的方式

我们来做个实验吧，将你相信的一件事与你不相信的一件事进行对比，留意两者画面、声音和感觉的差异。我们的大脑是如何对这些差异进行编码的呢？两者共同的差异是画面的位置不同，但也会有其他的区别。

信念策略不同于我们的现实检验策略，因为我们不能用基于感官的现实检验来测试它们。由于信念策略是高度模式化的，因此可能会在我们一生中都保持不变。这是一件幸事，因为如果没有这些策略，我们对自己和世界的理解就会不稳定。

无论是对于限制性信念，还是帮助我们发挥潜能的积极信念，信念策略的作用都是自动而持久的。幸运的是，信念策略的结构非常明确，我们可以通过引导了解其结构，因而也可以通过有意识的干预在最根本的认知层面上改变信念策略。

◉ 信念策略演示

罗伯特：朱迪，想一件你希望自己能相信但却无法相信的事情。有这样一件事情吗？

朱迪：嗯，我想到了减肥，因为这对我来说是个大问题。

罗伯特：我敢打赌，这对你来说一定很重要。对此，你现在抱有怎样的信念？

朱迪：我现在抱有怎样的信念？我有很多相互冲突的信念。在体重问题上，我有各种"应该"和"做不到"的信念。

罗伯特："做不到"的限制性信念是什么？

朱迪：我没法减肥。

罗伯特：嗯，你没法减肥。我们来稍稍讨论下这个信念……有什么事是你知道自己能够做到的吗？

朱迪：我能够对来访者运用 NLP 技术。

罗伯特：首先，让我们做一个简单的比较。通过比较，我们也许能找到所有的信息。

我想请你想一想减肥这件事。（朱迪身子垮了下来，叹了口气，她看着左下方，紧抿着嘴唇。）现在，想想自己对一位来访者运用 NLP 技术，也许是你特别成功的那次。（朱迪的肩膀挺了起来，面部表情不再紧张，她抬起了头。）

（对各位学员）你们可以看到朱迪的身体状态发生了非常显著的变化——包括眼球解读线索和身体状态的其他方面。

我让她这么做是出于两个原因。首先，基于观察，我们就可以知道她是否改变了自己无法减肥的信念。我们要看到什么？第一种身体状态并不是我们要看到的，第二种才是。我们现在有了测试她是否改变信念的方法。身体状态的变化可以从无意识的角度帮助我们精确地测试工作的效果。其次，我们可以将当前状态与期望状态进行对比，并理清她身体状态的差异。

　　罗伯特：现在，我想让你在内心做一些比较。当你想到减肥时，你是怎么想的？

　　朱迪：这是一场艰难的斗争。

　　罗伯特：这是一场艰难的斗争。

　　（对各位学员）她完美地再现了我们从她的身体状态中看到的矛盾。在与来访者工作时，我们会发现他们的内心模式往往非常体系化，这为我们的工作提供了便利。目前为止，我们已经几次看到这个身体状态了。看起来，这似乎是一种模式。

　　罗伯特：是什么让减肥成为一场艰难的斗争？（她又展现出认为自己无法减肥时的身体状态，看向左下方，眼部运动方式表明她正在进行内心对话。）

　　罗伯特：（对眼球解读线索进行回应）我相信你所说的。你会对自己说些什么吗？

　　朱迪：可能会吧。

　　罗伯特：你对自己说什么呢？

　　朱迪：我对自己说"你必须全力以赴"。我减肥的唯一方法就是计算卡路里，对摄入的每一种食物进行记录。但我知道，我会饥饿、不舒服。

　　罗伯特：所以当你下定决心的时候，你会计算卡路里——尽管这样做很艰难，你称之为一场战斗。冲突的部分在哪里呢？

朱迪·嗯，在很长时间里，我都这样做，然后就停了下来。

罗伯特：是什么让你停止做这件事？现在当你想到这件事的时候，你觉得冲突的部分在哪里？是因为你觉得这样做很艰难，而你又不希望它这么艰难吗？或者是你觉得这样做很艰难，并且收效甚微？

朱迪：我想忘记一切，让我的身体随心所欲。这就是我想要的。

罗伯特：你不相信自己能做到这一点吗？

朱迪：没错。我相信其他人可以，因为我帮助过其他人这样做。但是我自己做不到。（用右手做手势，左手不动。）

（对各位学员）我想请你们关注一下其他的部分。注意在谈论这个问题时，她的手势是不对称的。她说"我想忘记一切，让我的身体随心所欲"，这时她用了两只手——姿势是对称的。然后当说到自己无法做到的时候，她使用了一个不对称的手势。这种不对称通常是非常有效的信息，提示我们来访者存在着内在冲突。

例如有人对我说"我想变得强势"，而他的右手却松松垮垮的，这可能意味着他内心的一部分想要变得强势，但另外一部分并不情愿。对身体对称性进行准确测定⑤（calibrate）是非常有帮助的。这并不是说，每一次姿势不对称都说明存在冲突，我会进行多方检验。如果我看到了不对称，我会继续进行核对，看看他们在谈论自己的问题时，什么时候用这只手做手势，什么时候用另一只手。拿朱迪的例子来说，我们要看她在做手势的时候说了些什么，她如何看待这场"艰难的斗争"。

---

⑤ 准确测定：运用感官敏锐地觉察对方声调、姿态、手势、肤色、肌肉张力等外部状态的转换，以了解其内部状态的变化。

罗伯特：你说自己"必须计算卡路里"，这些是你在脑海中听到的声音吗？

朱迪：（向左上方看，表示视觉记忆）嗯。在过去，我就是这样减肥成功的。

罗伯特：那么，当你想到计算卡路里的时候，会在脑海中看到些什么吗？你会跟自己讨论这件事吗？

朱迪：是的。我看到一本计算卡路里的小册子，我正在查阅各种食物的卡路里，并记录下来……（眼睛向左下方移动，表示内部对话；然后向右移动，表示感觉）

罗伯特：看到这些的时候，你显然会产生某种感觉。所以，当你这么做的时候，你会产生一种感觉吗？

朱迪：是的，我有。我也跟自己对话。

罗伯特：现在，如果你只看到这本书和计算卡路里的情形，你会有这种感觉吗？（朱迪想象着这本书，身体垮了下来，眼睛向右下方移动）好的。所以，只要看一眼，就可以触发这种感觉。

（对各位学员）现在我们把朱迪减肥这件事与她相信自己得心应手的行为，即用 NLP 帮助来访者进行对比。

罗伯特：你用 NLP 和其他人工作过。对吗？（朱迪立刻展现出更有信心的身体状态）你是如何知道自己可以轻松做到的？

朱迪：嗯，我在心里清楚地看到了。

罗伯特：你看到了什么？

朱迪：我能看到和我一起工作的来访者。我看到了回应，也听到了来访者的肯定性反馈。

> 这很有意思。有一种现象，我戏称为治疗师综合征或者咨询师综合征（therapists' or consultants' syndrome）。我们拥有看见并倾听他人所需的全部技能。但当工作对象换成我们自己的时候，我们往往却看不见自己，也听不见自己的声音——于是我们迷失了方向，不知所措，看不见自己，也听不见自己的声音，更无法给自己反馈。这与我们的能力无关。

罗伯特：所以，你看到了来访者，并收集与他们的问题有关的信息。你怎么知道自己能够帮到他们？你怎么知道该做些什么？

朱迪：我对此有种感觉。

罗伯特：好吧，你有种感觉。在你与来访者顺利工作的内部画面中，你是亲眼见到这个场景吗？你亲身参与其中吗？还是置身事外地观察自己？

朱迪：这是我亲眼所见，好像我就在那里，跟他们在一起。

罗伯特：这个画面与你计算卡路里的画面有什么不同？

朱迪：这个画面更加广阔和完整。

> （对各位学员）看到对称性了吗？在描述和来访者工作的情形时，她用两只手做手势。

朱迪：当我想到计算卡路里的时候，我只看到那本书，仅此而已。

罗伯特：所以，你只看到那本书？书上有什么东西吗？

朱迪：我能看到文字、封面和色彩……就好像一张彩色照片。

罗伯特：但是当你看到来访者的时候呢？（她转换了身体状态，众学员笑。）

（对各位学员）这可能是一种模式。我们看到，朱迪在想象与来访者工作时，她的手势是对称的。而想象计算卡路里时，她的手势不对称，只用左手来做手势。

我来总结一下目前所取得的进展。我们收集了朱迪关于自己"无法减肥"的信念。当被问到减肥的问题时，她会出现一幅有关卡路里的图书画面，并且是一个小小的静止画面，感觉很低落。然后，有一个声音闯进来说："其他人可以减肥。"我们还发现她的手势不对称。当她谈到减肥、计算卡路里和艰难的努力时，她用左手做手势。当她说"但我可以帮助别人"时，她用右手做手势。每当她想到尝试减肥时，她会摆出一个看起来非常无力的身体姿态。

我们将减肥与她认为自己能够胜任的事情——使用 NLP 帮助来访者进行了对比。后者的画面是宏大的、全景式的，并且她可以听到来访者的声音，如同再次身临其境。她的身体姿态是有力的，手势也是对称的、一致的。

我们一直在试图找到存在于来访者每个信念中的行为模式。当我收集信息的时候，我会让来访者识别另一个有关自己能力的信念——相信自己能够做什么。我会收集关于身体状态、眼部运动、身体姿态、内部画面、声音和感觉的同类信息，并对这些信息进行交叉验证。根据她能够使用 NLP 来帮助他人的信念和其他有关自己可以胜任的信念的这些信息，我想找出哪些模式是相同的。

朱迪：在你说话的时候，我想到了一件事。我对母亲的感觉发生了很大的改变……是我对母女关系的感受改变了。

罗伯特：你是怎么做到的？

朱迪：（笑）我去找了一位 NLP 咨询师。

罗伯特：这位咨询师做了什么？是什么改变了你对母亲的看法？我是说，做出改变的是你，咨询师只是起到了辅助作用。

朱迪：我生活的方方面面都变得不一样了。

罗伯特：并不是只要 NLP 咨询师说一句"改变你的感觉"，然后改变就发生了。是你在内心做的某件事情改变了这种感觉。

朱迪：实际上，她只是让我写了一封信。所以，我猜我跟自己进行了对话。

罗伯特：这改变了你的看法吗？

朱迪：这帮助我碰触一种感觉，当时我正在……（朱迪抬起头来，向左边望去）

罗伯特：你看到什么了吗？

朱迪：是的，我看到了发生这件事的整个场景。

罗伯特：你看到这位咨询师……

朱迪：不，我看到自己在写这封信。

罗伯特：那么，你好像是从第三方的立场置身事外地在看自己写这封信？

朱迪：是的。

罗伯特：你真的相信自己对母亲的态度已经改变了吗？这是否意味着你可以推而广之，也改变对他人的态度？

朱迪：是的，因为我看到在生活的很多方面，自己都可以改变。

罗伯特：因为你看到在生活的很多方面，你都可以改变。

（对各位学员）有一点，我听到她提及了几次，这表明两者存在相似之处，就是"整个场景"。她说"我可以看到整个场景"，而不仅仅是一个画面的局部，就像她看到计算卡路里的书那样。注意，近距离聚焦于一件事和看到完整场景的区别。从一个小小的、静止的画面，她所得到的信息要比完整的场景少得多。

罗伯特：你能看到减肥的完整画面吗？还是只能看到那本计算卡路里的书？你帮助过其他人减肥。是什么让你帮助别人减肥的呢？你是怎么做到的呢？

朱迪：好吧，那要看来访者的情况了。我会使用不同的 NLP 技术。

罗伯特：无论使用哪种技术，总有一些东西能让你知道如何进行下去。那是什么？

朱迪：我只是感觉到需要做什么。我接收自己需要的信息，以便进行下一个步骤。对我来说这几乎是直觉，但我知道这不是直觉……（笑声）

（对各位学员）顺便说一句，在使用 NLP 帮助来访者时，我的目标之一就是让他们发挥自己的直觉。因为如果我们必须坐在那里思考自己正在做的每件事，那就要耗费大量的时间和精力。而 NLP 技术可以确认我们的直觉，为我们提供辅助，仅此而已。

我假设朱迪一直在从来访者那里收集各种信息，最终她看到了整个画面，这就是她知道该怎么做的原因。此时此刻，我并不一定要她拿出解决方案，我想做的是让她相信自己能够做到。显然，如果只是坐在我们面前，她是没有办法减轻体重的。但如果她相信自己能做到，我想她能够找到足够的资源来实现自己的目标。

罗伯特：你愿意像相信自己可以改变对母亲的感觉那样，相信自己可以减肥，对吗？

朱迪：是的。

罗伯特：是什么阻止你看到整个画面呢？

朱迪：当我想到自己的体重，我感觉很糟糕。也许，如果我看到了整个画面，我就会知道该做什么。

罗伯特：我们来试着改变你的限制性信念策略，让它变得与相信自己能够胜任时所使用的策略相同。运用你的意念，想象自己是一位来你这里接受治疗的来访者。看着你自己，还有你曾经尝试过的那些事情。倾听自己如何描述做过哪些尝试。想象作为"来访者"的你在向你倾诉你刚刚在这里向我倾诉的一切。首先，把这个画面放到自己面前。（做手势）你看到自己了吗？

朱迪：我看到了那本卡路里书的零碎片段，但我仍然有那种感觉……

罗伯特：你还有这种感觉。如果你的来访者觉得自己的感觉很难被撼动，你会怎么做？

朱迪：嗯，我会玩些小技巧。我可能会让他们把注意力集中在那种感觉上。然后我会对它进行扰动，呈现它，然后……（她转变到充满自信的身体状态）

罗伯特：听起来不错。（笑声）

（对各位学员）我想她拥有所有的资源。顺便说一下，她在告诉我该怎么做。

罗伯特：你能告诉我你，怎样才能减肥吗？

朱迪：让我们看看我能不能做到。（她的眼睛移动到左上方，然后向下移动到右边，以进入自己的感觉）这种感觉如此强烈。

罗伯特：这种感觉很强烈。如果你的来访者有一种强烈的感觉，你会做什么？你会让你的来访者做什么？

朱迪：还是要看具体情况。我可能会让他们体会一下这种感觉有多"强烈"，细细品味它。或者在适当的情况下，我可能会让他们把这种感觉缩小。

罗伯特：哪一种方法对你来说是最适合的？现在运用你的直觉。

朱迪：有时候我想，如果能真正进入这种强烈的感觉去细细体会，我就能找到处理问题的抓手。

（对各位学员）我现在还有一件事要做。我们可以看出，这不仅仅是一种感觉，那里还有一个画面。（手指向左上方）弄清楚那个画面是怎么回事会很有帮助。

罗伯特：现在回到这种感觉中去，抬头看看。你看到什么了吗？你可以跟这种感觉待在一起，你可能会看到什么。

朱迪：我看到一个高大的女人……我是说她很高大。（朱迪明显紧张起来）

罗伯特：那是谁？

朱迪：嗯，它对我有影响。

罗伯特：这是你看到的东西，这个画面在某种意义上和你有联系？那个画面比你本身还大，是它制造了那种影响你的强烈的感觉。它和你有怎样的联系？

朱迪：它对我造成了影响。

罗伯特：它是如何施加这种影响的？

朱迪：我觉得那个高大的女人一直在那里包围着我。

罗伯特：所以，她在那里……她包围着你？

朱迪：是的。

罗伯特：获得这条信息之后，我们想请你退后一步，把这个画面挪走。在你面前有一个自己被她包围着的画面。

朱迪：（放松）好的。对。我更喜欢置身事外的感觉。

罗伯特：既然你能从旁观者的角度看到发生了什么，那么被她包围的你需要什么样的资源才能自由地做出选择呢？

朱迪：啊，那很有趣。我一直在努力照顾她。我从没想过要照顾我自己。

罗伯特：需要资源的是你。

朱迪：我需要确定她并不是我。

罗伯特：你需要做什么才能做到？

朱迪：我需要从视觉上把两者分开。

罗伯特：那样做吧。如果你需要什么资源，我们会添加进去的。

朱迪：对。可以。我能做到。

罗伯特：很好。你在上面还需要什么吗？（手势）

朱迪：我只是在对信念的问题进行复盘。当我把自己和包围着我的那个高大的女人分开时，我能够改变我的信念。我可以看到，我对减肥的信念肯定是不合逻辑的，因为我形成这样的信念是由于那种糟糕的感觉，无论那个高大的女人代表什么。

罗伯特：我想你拥有自己所需要的资源。也许你无法改变限制性信念是因为你不知道应该看哪个部分。限制性信念已经在视觉上呈现出来了，但是当你被它包围的时候，你很难看到自己需要做什么。我们不能只是零碎地理解它，你必须要看到全貌。我想，这是刚才的演示中一个非常重要的部分。

当你看着眼前这个画面的时候，你可以让它变得更加宽广吗？你怎样把它对你的影响分离出来，或者说你如何应对这种影响？

朱迪：我在头脑中做了一些练习，所以才能继续往下走。这是我会对来访者使用的一个技巧。我只是把它们分开，然后看看要达到减肥的目标，我需要做些什么。（当她在脑海里进行这个过程时，她奇妙地转换到了"相信自己能够胜任"时出现的那种充满信心的身体状态。）

罗伯特：我相信你拥有自己所需要的资源。现在你相信自己能够减肥吗？我们可以在后面讨论与减肥有关的具体技术。记住，当你最初想到减肥这件事的时候，内心存在着一个冲突。

◎ 识别信念策略练习 ————————————

现在我们来做一个练习。想一件你认为自己能够胜任的事情，再想一件无法胜任的事情，并把两者进行对比，确定它们的差异。然后找到认为自己做不到的那个信念，让它的呈现方式变得和你认为自己能够胜任的信念相类似。如果你无法这样做，找到是什么阻碍了你。

我们的目标是让限制性信念看起来更加接近充满信心的信念。你可以使用任何改变技术。在识别干扰和添加适当的资源时，你最终选择的做法可能会和我不一样，不过基本的目标都是尽可能让心存怀疑的信念和确定无疑的信念的呈现方式变得相似。

讨论

大多数学员可以识别出消极信念与积极信念的差异，并迅速做出自己期望的改变。一些学员还找到了阻碍他们前进的重大过去经历（印记）。有关印记和印记重塑（re-printing）技术的完整讨论，请参见第四章。

还有些学员找到了必须做到完美的信念，这类信念会让人们变得非常不自信。抱有这种信念的人会说："我做到了，但还做得不够完美。"或许我们有一千次都做得很完美，但一旦做错一次，就意味着我们做得不够完美，过去所有的成功都会大打折扣。当然，即使我们取得了成功，也会感觉这或许不是"真的"，因为如果下一次做错了，之前的成功全都会化为泡影。如果我们认为自己可以像上帝一样无所不能，最终一定会觉得自己一无是处。这种信念的问题在于，我们定义成功的准则（criteria）是不正确的。

你们可能会发现，自己所识别的信念与比较有关。比如，我的一位女性来访者对自己想要实现的目标有着清晰的想法。她与完美地实现目标越接近，就越会因为自己还没有达到目标而感到沮丧。你们可以想象那是一种怎样的困境。她做得越来越好，却感觉越来越沮丧，因为她越接近完美，就越会因为自己没有做到的那一点点而失望。她的人生模式就是在开头时做得非常出色，但是在几乎快要成功的时候，却会因无法面对如此巨大的压力而选择退出。在任何事情上，她都无法取得圆满的成功。

我们刚刚完成的这个练习对信息收集很有帮助。通过这样的对比性分析，我们可以精确地定位出我们需要在哪里开展改变的工作。在我们和来访者一起工作的过程中，这样可以节省时间，也会让我们的工作进行得更加顺利。

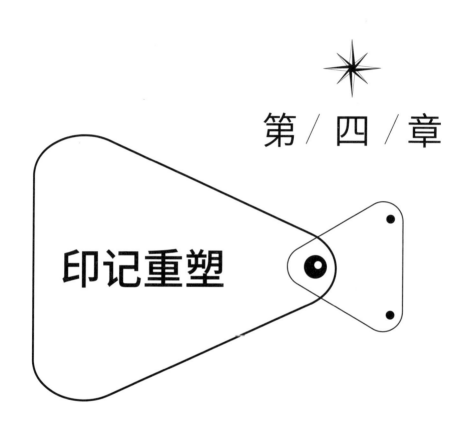

第 / 四 / 章

印记重塑

蒂姆和苏茜曾经和一位有飞行恐惧症的男性来访者一起工作。来访者尝试了许多方法来改变自己的恐惧，但都没有奏效。蒂姆和苏茜让来访者接触与飞行相关的感觉，并通过触摸他的肩膀建立了一个身体感觉心锚。心锚是一个刺激 - 反应过程，即外部刺激与一种内部状态或一组表征进行匹配。比如一首特定的歌曲就是一个自然的心锚，每当听到它时，我们就会自动回忆某些过去的经历。班德勒和格林德发现，我们也可以精心地设置心锚。内部状态可以与外部的触摸、声音或图像进行匹配。一旦设置了这个关联，我们就可以随心所欲地触发某种内部体验。建立了身体感觉心锚之后，我们就可以通过保持触摸来维持一种稳定的内心状态。

◉ 印记：对过去重要事件的信念

蒂姆和苏茜告诉来访者，感觉心锚可以"随时把他带回过去"，让他回到让他产生相同感觉的其他事件面前。来访者几乎马上就抱怨说"脑中一片空白"。蒂姆和苏茜非常耐心地保持着心锚，跟随他的节奏，告诉他这个"空白"是相当有意义的，建议他放松并聚焦于这个空白。当他放松的时候，蒂姆和苏茜给他讲了一个故事，这是一个治疗性的隐喻。一天晚上，他们在社区里四处寻找一只狗。当时大雾弥漫，看不到前方十英尺的地方，但即使他们的视线无法穿透浓雾，也能凭直觉了解各个物体的位置，最终他们还是找到了那只狗。

大约10分钟后，他开始看到静止的、像幻灯片一样的画面，他说这些画面不可能与他的恐惧症有关。第一张画面是一位老先生拿着一些花，在他小时候，这位老人就住在他家旁边。然后他又看到了更多的画面，这些画面拼凑成一部关于童年早期经历的电影。

对于来访者来说，这是一段他在意识层面上无法记起的经历。然而，当蒂姆和苏茜对其中的联系进行探索时，发现这段经历对于来访者的恐惧症是有意义的。有一次，他在这位老人住所后面的空地上和其他孩子玩耍，他们发现了一个废弃的冰箱倒在空地上。不知怎地，有一个孩子被锁在了冰箱里面无法脱身。而事实上，来访者在心里将自己和那个被困的男孩调换了位置，他感觉到这个孩子的恐慌。被困的男孩最终被解救了，安然无恙。

当来访者的父亲得知此事时，他说："你应该记住这个教训。永远不要走进任何一个没有出口的场所。"成年之后，这位男性只要进入密闭的飞机机舱，就会感到惊慌失措。

来访者从这种"空白"或者僵局摆脱出来后，蒂姆和苏茜开始使用本章描述的印记重塑步骤，让这位来访者得以对乘坐飞机产生全新的感觉。现在，来访者报告说，因为工作需要，他一个月要坐三四次飞机，但丝毫没有感觉不适，已经可以在机舱里安然入睡了。

印记的产生及含义

印记是过去的一个重要事件，在这个事件中，我们形成了一个或一组信念。我所了解的每一种治疗形式，无论是生理的还是心理的，无不证明了这样一个事实，即当前的行为往往是由过去的行为和事件所创造或塑造的。对于 NLP 咨询师来说，重要的并不是过往经历的内容，而是人们从经历中获得的印象或信念。

印记的概念由康拉德·洛伦兹（Konrad Lorenz）提出，他研究了小鸭刚刚被孵化出来的行为。他发现鸭子宝宝在出生的第一天左右就会对母亲的形象产生印记。它们会识别移动的物体，并跟随它们破壳而出时第一眼看到的任何移动物体，把这个物体当作自己的母亲。洛伦兹走动的时候，鸭子也会跟在后面。他发现，如果之后，他把它们带到真正的母亲面前，它们还是会对母亲视而不见，继续跟着他。早上当他起床出门的时候，他发现小鸭们蜷缩在他的靴子周围，而不是在自己的窝里。

他还发现，其中一只蛋正在孵化的时候，有一个乒乓球滚过，而这只刚刚破壳的小鸭子就对乒乓球产生了印记，把它认作自己的"母亲"。后来这只鸭子到了交配年龄，它对其他同类并不感兴趣，却试图与各种各样的圆形物体亲近。康拉德·洛伦兹和他的同事们相信，印记是在神经发育的某些关键期内发生的，一旦过了这些关键期，被印记的内容将永久存在，难以改变。

蒂莫西·利里（Timothy Leary）对人类的印记现象进行了研究。他认为人类的神经系统比鸭子和其他动物更为复杂，在适当的条件下可以对早年关键期所印记的内容进行访问，并且重新编程或者重塑。

利里还确定了人类几个重要的发展关键期。这些重要时期发生的印记确立了塑造个体性格和认知的核心信念，并且决定了与生物存在、情感依恋和幸福感、思维敏捷性、社会角色、审美和"元认知"（即对自身思维过程的觉察）等有关的信念。其中，健康问题可能源于生物存在的发展关键期确立的核心信念和支持行为，恐惧症可能发生于决定情绪健康的关键期，学习障碍则可能源于在与思维敏捷性等相关的关键期所形成的印记。

我对 NLP 印记重塑技术的开发脱胎于我与利里合作举办的一系列工

作坊。在和他共同工作之后，我认识到，来访者所经历的一些创伤性事件并不仅仅是可以通过简单整合技术进行处理的负性记忆。这些事件往往是印记，这些印记会塑造来访者的信念和身份，为其人格奠定基础。因此我们需要另辟蹊径，才能有力并持久地影响和改变来访者。

印记可能是形成适应性信念的重要积极体验，也可能是导致限制性信念的创伤或者问题体验。在通常情况下，它们与对重要他人无意识的角色模仿有关，但并非总是如此。

我们把童年虐待作为一个比较点，将鸭子的行为与人类的行为进行比较。研究证实，童年时遭受过虐待的人会在成年后无意识地进入一段再现童年经历的关系。例如，童年时遭受过虐待的女性可能会在成年后与施虐的男性结婚，而小时候经常挨打的男性可能会虐待自己的孩子。如果童年被母亲殴打，男性可能会选择那种让自己处于卑微地位的关系。研究显示，被母亲殴打的女性会比没有挨打的女性更加暴力地对待自己的孩子。印记可以对这种现象进行解释：童年受过虐待的人们可能留下这样的印记，即父亲、母亲、丈夫或者妻子的虐待行为是理所应当的。

在小鸭破壳而出的时候，它们不会说："呀，这母亲看起来太奇怪了，我得琢磨下到底是怎么回事。"它们的大脑可能会认为："母亲就应该是那样的。"而对我们人类来说，其实也并无二致。

模仿和接受他人的观点

我曾经和一位罹患咽喉癌的女性一起工作。她感觉自己的喉咙和身体的其余部分并不属于她自己，似乎有人夺走了它们。我对这种感觉设置了心锚，让她借用这种感觉来帮助自己回忆过去的一段经历。那是很早期的童年记忆。她说："我妈妈抓着我，她掐着我的喉咙摇晃我。"然而，当她说这话的时候，她自己正用双手做着摇晃的动作。她的声音很愤怒，就像她母亲的声音，而不是一个被吓坏的幼儿的声音。她和母亲互换了位置，她并没有表现出孩子的行为，而是表现出侵犯者——她母亲的行为。

当我们还是个孩子的时候，会和父母处于一段非常紧密的关系之中。我们会印记他们的一些信念和行为，使之成为自己的一部分。正如一位女士对我说的，"当我小时候被妈妈殴打时，我只是感到受伤和困惑。现在我长大了，我发现更容易认同妈妈的感觉。我并没有作为孩子时的那种受伤和恐惧的感觉，反而产生了母亲那种愤怒的感觉。"另一位女性告诉我："有时，我觉得自己被妈妈附身了。"长大成人之后，我们通常会更加容易认同成人的行为。

印记不一定符合逻辑，这是一种直觉，通常在发展关键期产生。在童年时代，我们大多数都还没有建立真正的自我认同感，所以我们会假装自己是另一个人，经常会进行角色模仿——彻头彻尾地模仿。我们会像小鸭子那样，不假思索地接受自己母亲的样子。

从很多方面来说，在我们成长过程中，各个成人榜样的综合体决定了我们会变成什么样的人。成年的我们具有过去重要他人的特征，这些特征潜藏在我们早期的信念和行为中。这就是为什么在印记重塑的过程中，我们不仅要对相关的他人进行处理，还要对年幼的自己进行处理。

我的一位女性来访者想要通过锻炼拥有好身材。当我们距离她所期待的改变非常接近时，她的反应却很强烈。我问："是什么阻止了你？"她说：

"如果我做出了这样的改变，我会真正喜欢上自己。"对我来说，这并不是那么可怕的事，所以我问她为什么这样就会有问题。她回答说："因为如果我喜欢自己，那么我就会失去自己所在意的人。"我问她这个想法来自哪里，这是一种信念。她说："如果我喜欢和善待自己，那么，我就会失去身边的人。"

原来她的家族中早有前车之鉴。当她的重要他人开始善待自己的时候，其伴侣就会因为感觉自己的地位受到威胁而无法忍受，最终他们的关系就会走向破裂。当我的来访者进行未来测试时，她对善待自己这件事感觉非常糟糕。这种感觉与他人的过往事件有关，这是对他人的角色模仿。因此，我们可能会因为设身处地代入他人的角色而产生强烈的限制性感觉。

◉ 印记重塑的三个关键点

改变信念体系最为困难的部分在于，印记很可能无法被我们意识到。我们往往会对自己那些有着重要意义的行为习以为常，根本不会有意识地去注意这些行为。当我们在感觉心锚的指引下寻找过去的记忆时，首先记起的经历可能并没有那么重要的意义，还没有回到那个让我们对自己当时所作所为感到疑惑的节点。如果到了那个节点——我们往往称为僵局（impasse），我们就会知道自己确实找到了某些重要的东西。那会很有意思，也许会让我们豁然开朗。在那个时候，我们就知道自己准确无误地找到了是什么样的外界环境让自己形成了限制性信念。

脑中一片空白——僵局

如果没有找到与僵局有关的印记，我们可以让来访者构建有可能相关的一些内容，比如这样引导"猜猜你为什么会有那种感觉？"，以此来启动来访者对印记的寻找。如果他们在叙述某些记忆片段时身体很紧张，和在问题状态下一样，我们就能知道这个片段和待解决的问题之间存在着联系。

有时候，当我们对一种感觉，特别是一种强烈的感觉设置心锚，来帮助来访者回忆过往经历时，他会发现自己脑中一片空白，就像那位飞行恐惧症患者一样。突然之间，我们不知道应该针对什么内容去开展工作。似乎有些人已经学会让自己从痛苦中抽离出来，以此作为一种逃避。我们可以对这个"空白"或抽离的状态设置心锚，在适当的时候让来访者回到这个状态，帮助来访者寻找重要的过往印记。在这方面，我们需要非常耐心，这种耐心往往会得到回报。来访者通常会开始看到一些画面，他可以把这些画面拼凑起来，最终找到印记情境的细节。

另一个识别印记的有效技术是，当来访者陷入僵局时，立即打断他们，然后对强大的资源状态设置心锚。我们可以使用勇气或力量等在不同情境下都有所帮助的通用资源。然后，把资源锚带回僵局，帮助来访者突破僵局。

我经常发现，故事治疗（隐喻）在促进整合时很有帮助。如果你遇到了一个僵局，在这里意识和无意识无法携手合作，那么使用隐喻是很有效的，特别是当来访者说："这没有任何意义。"我办公室的墙上有一句爱因斯坦的名言："任何事都应该力求简单，但不应该过分简单。"当人们陷入困境时，我经常告诉他们这句话，暗示他们如果试图过快或过于简单地推动一件事情，有时会遇到阻力。隐喻的一个优点在于大脑的两个半球都会对它进行处理，所以能顺利地跨越思维方式差异所造成的鸿沟。即使只是用一个比喻或故事来重复咨询师刚刚说过的话，来访者也可以在不同的层面上对它进行理解。

改变与角色模仿无关的个人史

有时候我们会发现，从来访者的一些印记经历中并不能明显看到对他人的内摄⑥（introjection）。让我举几个例子，在这些例子中并不能清晰地看到来访者与榜样的位置互换。我有一位35岁的来访者，他是一位成功的高管，但他不会拼写。我们试着教他拼写策略，但还是没能成功。后来我发现，只要他看向左上方去想象要拼写的单词，他就会开始联想到一种体验。在这种体验里，他看到自己的老师看着他，告诉他自己有多糟糕。然后，他会觉得很难过。这些画面"堵塞"了通道，所以他看不到单词，只能看到老师的脸。他说，当他试图将单词视觉化时，它们不会停留在视觉记忆中，而是会不断消失。他的问题根源在于他和重要他人的关系，尽管他并没有和她互换位置。

通过与这位老师互换位置，来访者探究到这位老师行为背后的积极意图。他发现，老师是想激励他学会拼写。在确定了老师的积极意图之后，在他内心，自己和老师的关系就被改变了，老师的脸就不会一直出现在他

---

⑥ 内摄：个体从另一个个体身上吸纳一种感受、想法及部分客体的无意识心理过程。

眼前。当我们去掉干扰（老师的脸）后，他甚至不用再回看这个单词，字母会一个接一个地蹦进他的脑海里。其实之前，他已经记住了这些字母，也知道如何拼写单词，但是这种干扰让他无法看到这些单词。在这个例子里，印记经历让来访者连一个简单的过程（对单词进行视觉化）都无法完成，以至于以为自己不会拼写。

不久以前，我应邀与一位职业潜水员工作，他害怕在浑浊的水里潜水。他不知道自己为什么害怕。当他跟我谈论自己的现状时，我注意到他看向了左上方。很明显，他看到的这个画面属于无意识的范畴。尽管他正在通过视觉接近那个画面，但他说感觉水"黏乎乎的"。当我问他看到了什么，他说"我不知道，我什么也看不见"。（在对信念进行定位时，来访者经常只能部分地意识到自己的思维过程。）

我让他向上看，并且放大这种感觉，让它变得更加强烈，看看是否有画面浮现在脑海中。突然，当他开始放大这种感觉时，他回忆起12岁时在一条浑浊的河里玩耍的情景。人们正在河道里清淤，想要寻找一具尸体，而他踩在了淤泥上面。这就是浑浊的水让他感到困扰的原因。仅仅了解过去的印记并不能改变他的恐惧，我们必须了解需要在早期经验中添加哪些能力、信息或资源，才能让印记发生改变。

因为没有明显的与他人的位置互换，我只需要做基本的心锚设置，而不用进行完整的印记重塑。我让他回到那个体验中，使用基本的心锚技术让他增加了达到期望状态的更多选择。这个步骤并不复杂，但它带来了全新的变化——在浑浊的水里，他不再那么害怕了。

存在角色模仿的印记经历

印记经历通常包括我们对重要他人无意识的角色模仿。印记重塑的目的在于让我们以新的眼光看待过往的印记，从而改变我们对自己、对世界和对榜样所形成的信念。

进行印记重塑时，我们需要添加更多资源，这些资源可以帮助来访者在经历发生时拥有更多的行为选择。我们可能还需要为那些参与到来访者早期经历中的人添加资源。（请参阅"印记重塑法总结"步骤3和步骤4。）

◉ 印记重塑演示 ────────────

编者注：以下是罗伯特和来访者进行印记重塑的完整文字稿，这个过程展示了如何为角色榜样和来访者本人添加资源。注意，罗伯特一直在运用回溯模拟（backtrack pacing）来增进亲和感⑦（rapport）和理解。他面向各位学员所说的话语对比尔来说也是一种隐喻和解释。

罗伯特：比尔，请你介绍一下自己，告诉我们，你今天来这里期待什么样的结果。

> （对各位学员）比尔说，在必要或合适的情况下，他并不介意跟大家分享自己的经历。我会用几种方式来使用他所分享的信息。有时候，获取来访者过往的重要经历（印记）是很有帮助的，这样我们就可以看到事情的来龙去脉。我还需要收集足够的资料对与比尔的经历相关的声调、解读线索、身体状态等进行准确测定。当我要求来访者向我描述某个体验时，我并不关心他们在言语

---

⑦ 亲和感是有效沟通和良好关系的先决条件，也是我们一般说的和谐气氛。

> 层面、意识层面的回答。相反，我会仔细观察他们的身体姿态、解读线索、语调、声音节奏、手势和语言模式。接下来，我会让你们了解我从这些线索中得到了什么信息。

比尔：我叫比尔，来自旧金山。去年秋天，我被诊断出患有与艾滋病相关的疾病，这是艾滋病的前兆。现在，我的症状很轻微，但总体上，医生认为我的免疫系统并不稳定，我的艾滋病病毒检测也呈阳性。

罗伯特：我想和你讨论一下，你认为期望状态是什么。

比尔：继续活下去。

罗伯特：好的。继续活下去。现在我们想让你的大脑专注地思考一些问题。继续活下去是一件非常有价值的事情。

> （对各位学员）我有时认为，我在这个工作阶段的角色就像是一家旅行社。有人走到这家旅行社面前，我问："你想去哪？"如果他们说："我想回家。"那么，我就需要获得更多的信息，这样才能帮助他们。

罗伯特：当你思考这件事的时候，我注意到你的眼睛向上看了。你能看到一个画面吗？

比尔：当然。我可以看到未来的自己身体健康，症状消失了。

罗伯特：你看到一个独立的形象。"症状消失"是一个否定的陈述，说的是你不想要什么。如果你的症状消失了，你会是什么样的？

比尔：我会看起来很健康。

罗伯特：等你未来康复了，你会做哪些现在没法做的事情？

比尔：我会感觉更开心。

罗伯特：当你看着那个形象的时候，你有那种"更开心的感觉"吗？

比尔：如果我看得够久的话。

罗伯特：够久的话？

比尔：我看到自己在健身房锻炼，感觉开心多了。

罗伯特：很好。你会如何将这种感觉扩展到其他情境中？你在人际关系或工作中会做一些不同的事情吗？

比尔：我会花更多的时间和别人在一起。最近我感觉不太开心，无法处理那么多的关系。

罗伯特：所以你会花更多的时间和别人在一起。

比尔：和他们在一起很开心。

罗伯特：有特定的对象吗？我不需要具体的名字。

比尔：是的。朋友和同事。

（对各位学员）注意，现在比尔看到的形象更加丰富了。他刚开始的形象是在健身房里，看起来很健康，我们希望他能看到更广阔的生活。所以我们可能会问，如果你在健身房里保持健康的状态，那么这对你生活的其他部分意味着什么？

我们需要仔细观察，来访者是否有其他生活领域的整体平衡问题需要处理。有时候，健康意味着以他们真正想要的方式生活。当我们和那些想戒除某种不良习惯的来访者一起工作时，他们可能会说："如果我戒烟成功了，我就能做自己一直想做的一切了。"当然，这意味着除了戒烟以外，还存在着更多的问题，因为戒烟背后有一个很重要的内涵。对比尔来说，健康绝不仅仅意味着在健身房锻炼。

罗伯特：想要获得健康的未来，你的身体内部需要发生怎样的改变？现在想象一下你的身体内部，同时也想象一下如果你恢复了健康，会有什么不同？比较一下两个画面。

比尔：我的免疫系统会更加强大。

罗伯特：具体一点呢？那会是什么样子？

比尔：我不知道。我会想到西蒙顿模型——小吃豆人[8]。

罗伯特：免疫系统的吃豆人模型。

（对各位学员）比尔首先说，他以前从来没有那样想象过。他说："我不知道那会是什么样子。"然后他想到了一个模型，他的吃豆人（免疫系统）将比病毒更强大。

什么是艾滋病，它会做什么？这种病毒反映出一种自相矛盾。它会攻击我们免疫系统的某些细胞，如果我们试图用视觉化技术攻击这些细胞，实际上也是在攻击自己的内部防御系统。艾滋病病毒会感染我们免疫系统的标记细胞，这些细胞可以识别体内的良性细胞和需要被免疫细胞清除的细胞。因此，感染艾滋病病毒的患者更容易受到感染。所以并不是吃豆人（免疫系统）受到了感染，而是操纵控制杆的细胞受到了感染。为了建立起自己的免疫系统，你不得不清除自己的一些免疫细胞，这才是问题所在。

所以，问题并不在于增加吃豆人，而是让吃豆人正确行事。不是要让免疫系统消灭细胞，而要保持我们身体认同（physical identity）的完整性。有很多人感染了艾滋病病毒，却没有出现任何症状。他们可能永远不会出现症状，或者在数年以后才会出现症状。

---

⑧ 吃豆人：在西蒙顿癌症咨询中心，病人会接受联合传统治疗方法的想象治疗，想象自己的癌细胞经过治疗被包围，最后清除出去。

罗伯特：要想获得健康的未来，你的免疫系统也必须完成一些事情。这就是为什么我要问你看到的形象是什么，并做出这些解释。

比尔：我明白。

罗伯特：你的免疫系统会决定哪些是自己的一部分，哪些不是自己的一部分。这与自我认同有关，有时免疫系统的疾病也会与其他身份问题相对应。这就是我一直在问"在未来康复之后，你将成为什么样子？"的另一个原因。

让我给你举个简单的例子。多重人格者在每个人格状态下通常会产生不同的免疫反应。例如，他们可能在一种人格状态下有过敏反应，而在另一种人格状态下没有过敏反应。我甚至读到过有一位女性在一种人格状态下患有糖尿病，而在另一种人格状态下却没有糖尿病。一型糖尿病与免疫系统对分泌胰岛素的胰腺细胞进行攻击有关。通过改变认同，我们经常会一连串地改变很多其他的东西（比如免疫系统）。

你现在看到什么样的画面？我给了你一些信息，这些信息或许可以帮助你构建有关当前状态的图像。

比尔：我看到了一个自己免疫系统的画面，但它看起来像是血管干瘪紧缩的循环系统。显而易见，最好的解决办法是让血管扩张。在我看来，这比我之前那个吃豆人形象要真实得多。

罗伯特：好的。所以你想让血管扩张。是什么让它干瘪紧缩的呢？

比尔：是我自己。

罗伯特：你是怎么让它干瘪紧缩的呢？

比尔：我不知道，但不知怎么，我认为是我自己。

76

罗伯特：你对自己的免疫系统这么做，是为了什么？

比尔：我有一些猜测。我曾经用生病来获取爱。我小时候得哮喘的时候就是这么做的。我生病了就会获得关注，我现在就受到了关注。

罗伯特：你是说，你注意到自己现在正从中获益，并因此受到了关注。

> （对各位学员）他还提到了"哮喘"和"紧缩"，两者有一定的相关性。我们可以处理吸引关注这一策略，但我更想处理潜在的信念。这样确实会有所不同。

罗伯特：你相信自己能够为了获得未来的健康而竭尽所能吗？

比尔：我正在努力相信这一点。过去两年的经验告诉我，NLP对我无效。我看到它在别人身上一次又一次地发挥作用，我甚至成功地将它运用到其他人身上，但似乎对我一点都不奏效。

> （对各位学员）这是一个很好的信号，告诉我们来访者存在着限制性信念。关于如何识别限制性信念，我经常建议NLP咨询师寻找来访者已经尝试改变了很长一段时间，但一直未能实现的事情。当比尔谈到他想要什么时，他抬起头来，向右边看。当他谈到是什么阻止了他，他做了一个这样的手势（把手向下推到身体的左后方）。我们要留意他说"是"和"否"时的动作。我们还不想对它进行解释，只是先留意。

罗伯特：尽管你说不相信自己能改变，但你还是站到了台前。在某种程度上，你相信自己可以得到期望中的改变。

比尔：我相信自己有可能改变，只是我还没想好怎么改变。这就是我说"做不到"的原因。

罗伯特：现在想想你自己，你还有想要达到的目标，是什么阻碍了你？

比尔：现在我在自己身上所尝试的改变没有产生结果。

罗伯特：所以，仅仅是因为你还没有得到结果？

比尔：这是一个进退两难的困境，就像第二十二条军规[⑨]一样。

罗伯特：让我们来探讨一下，想想你做过的一些事情。你是否曾经认为自己会得到结果？

比尔：我一直在想我会的，但我没有。

罗伯特：所以，你认为你会得到结果。

比尔：希望。我希望我能得到结果，但我并没有认为自己会。那不一样。

罗伯特：你说"我希望自己能得到结果"。这与"认为自己会"不同，也与"相信自己会"不同。你希望自己会，但是……

比尔：我不知道。

（对各位学员）他说"我不知道"，而不是说"我不知道"，这是值得思考的。当我们确定来访者期待的结果时，不要只是抓住一丁点最初得到的信息，然后被它牵着鼻子走。我们要寻找一种模式，这就是NLP要做的——发现行为的模式。有一个方法可以帮助我找到模式，就是找到三个相同非语言线索的例子。当我把来访者成功和失败时的身体状态进行了三次对比，并且看到或听到同样的线索时，我就知道自己找到了一种模式。

另一种发现模式的方法是看到来访者对于同类内心事件的行为是一致的。当我们使用结构化的方式收集关于期望结果的信息，而来访者说"我不知道是什么阻止了我"时，这是我们寻找答案的另一个途径。

---

⑨　第二十二条军规：悖论式的、进退维谷的局面，叫人左右为难的情况。

罗伯特：当你刚刚开始接受 NLP 治疗的时候，你相信它对你很容易奏效吗？还是你相信它不会奏效？

比尔：刚刚开始的时候，我就听说了一些关于 NLP 的神奇事情。我想，我相信它会起作用。

罗伯特：让我们直接回到第一次，你的第一次尝试是什么？

比尔：我的下背部疼痛。我和一位 NLP 咨询师一起工作，他帮助我在一个小时左右的时间里减轻了疼痛。

罗伯特：所以，发生了某件事，然后你开始疼了。是什么原因呢？

比尔：(嗓音降低) 我不知道发生了什么。

罗伯特：刚才你向下和向左看，这通常意味着你在用文字思考。你是在重复这个问题，还是……

比尔：不，我只是在感觉我的背。

罗伯特：当你感觉下背部时，你的眼睛往左下方看。NLP 咨询师做了什么？

比尔：(再次看左下方) 他帮助我进行了"行为发生器"的练习，让我想象自己在一个情境中做出新的行为，然后融入这个情境去体验，但这并不奏效。我有自己的内部恐怖分子。

罗伯特：你说自己有个内部恐怖分子。你第一次注意到它是什么时候？

比尔：我不确定是什么时候注意到的。对我来说，要得到自己想要的总是很困难。

罗伯特：他说"对我来说，要得到自己想要的总是很困难"。这是对信念进行陈述的一个例子。

比尔：是的，这个信念对我的生活产生了很可怕的影响。

罗伯特：这个信念从何而来？你想要保持这个信念吗？

比尔：并不想。

罗伯特：那你怎么仍然保持着这个信念呢？

比尔：（沮丧地）因为我所做的改变信念的工作没有起作用。

罗伯特：所以，现在，你看你的左上方。（做手势）发生了什么？这次，你的眼睛往这个方向看。（指向比尔的左上方）

比尔：我开始感到愤怒。

罗伯特：对什么愤怒？让眼睛往上看。

比尔：我为自己的生活如此艰难而愤怒。

罗伯特：那么，你的意念看到了什么？

比尔：我的人生所经历的各种困难。

罗伯特：是在多久以前？

比尔：青春期。

罗伯特：让眼睛在上方停留一会儿。你说你开始感到愤怒。

比尔：是的——既愤怒又沮丧。

罗伯特：对你的生活感到愤怒。当你看到自己经历的那些困难，这让你愤怒吗？

比尔：不是。对我的生活感到沮丧，这让我很愤怒。

罗伯特：你先提到沮丧，然后是愤怒。当我们知道目标是什么，但不知道如何达到目标时就会觉得沮丧。所以，有些事情，你想做却做不到。（比尔点头）你是对你自己还是对这个世界感到沮丧？

比尔：首先是对我自己。

罗伯特：首先是对你自己。我想让你再想象一次这样的画面，抓住那种沮丧的感受……

> （对各位学员）注意。比尔需要一个推动他为康复而努力的信念。想要让自己康复，需要做出艰巨而复杂的努力。比尔告诉我们，关于得到自己想要的，他有很多失败的例子。一旦他开始尝试改变，就会感到沮丧。所有这些过去的记忆和行为都浮现在脑海中，让他无法为了得偿所愿而进行尝试。记住，达成目标需要三个条件：愿意达到目标，了解如何达到，并且给予自己机会。如果我们相信自己无法得到，那就不能让自己全力以赴，并且长久地坚持下去，最终得偿所愿。有时候，即使面对挫折，我们也必须坚持下去。

罗伯特：让我们从沮丧和愤怒开始，因为这些情绪似乎是最先表现出来的。你说过是从青春期开始的。花点时间想想，这一切是多么令人沮丧。（对感觉设置心锚）把那种感觉带回来——也许还有一些话语。

罗伯特：你看到了什么？

比尔：我不想透露。

罗伯特：没关系。是否涉及其他人？

比尔：是的。

罗伯特：只有这一个人吗？

比尔：嗯。

罗伯特：你看到这个人正看着你吗？

比尔：不，我看到自己和这个人。

罗伯特：让自己走进"那时候的你"，在那里待一会。你对正在发生的事情有什么结论？

比尔：我真是太糟糕了……（长时间地停顿）我无法得到自己想要的。我不配得到自己想要的。

罗伯特：你不配得到自己想要的。

比尔：而且如果我得到了自己想要的，那会给我带来很多麻烦。（声音颤抖，泣不成声）

罗伯特：你对别人或周围的世界有什么看法吗？

比尔：如果他们知道我想要什么，所有人都会来干涉我。这与文化接纳有关。

罗伯特：这和文化接纳有关——这是什么意思？这个想法背后的意思是全世界会找你麻烦，只要他们知道你想要什么？

比尔：我不清楚。（声音颤抖，情绪激动）

> （对各位学员）我在试图寻找关于意图的概括性结论（generalization）或者信念。

罗伯特：（改变嗓音）现在是时候离开那个情境了。回到这个房间。罗伯特在这里（指向自己），比尔在这里。（指向比尔，微笑）

好的。接下来我想请你做这样一件事。回想一下你在青春期的那段经历，把它放在那里——这样你就完全置身事外了。（指向比尔的面前）

对……你舒服地坐在这里，看着那边的男孩和另一个人。

比尔：（长时间停顿）我能看见了。（声音平缓，表明在进行自我观察）

罗伯特：那次经历对你有什么影响？

比尔：这让我很内疚。（看向左上方）

罗伯特：所以，你可以看到这让你很内疚。通过这件事，你会形成什么样的信念？

比尔：我想要的是错误的——是糟糕的。

（对各位学员）这和他刚才说的有些不同。之前他说："我不能得到我想要的东西。我不配得到我想要的，如果我试图得到我想要的，我会受到全世界的惩罚。如果周围人知道我想要什么，他们就一定会惩罚我。"而现在他说的是："我想要的是糟糕的。"这成为一个潜在的信念。上述这些信念组合在一起，可以很好地解释为什么他无法得到自己想要的东西。

我想要指出一点，当我们拥有某个信念时，总会找到各种证据去证实它是正确的。当我们试图针对来访者当前的信念展开辩论时，支持来访者信念的庞大数据是日积月累慢慢积攒起来的，它们都可以支持或"证明"他们最初的信念是正确的。当我们回到信念形成的起始点，问题往往会变得更加简单明了，不会受到后续各种验证性信息的干扰。我并不在意在青春早期到底发生了什么，我关心的是那段经历对我们的信念体系带来了哪些影响。特别是在青春期，我们会建立很多关于自我、身份和性取向的信念。

还记得吗？我们请比尔回顾过去，看看这段经历是否给他带来了其他的信念或者影响。我这样做是有原因的。我让他先回到印记中重新体验，这样就可以观察到他的身体状态。我问他在那段经历里建立了什么样的信念，这样我才能确定他的声调特点。有时候，当我们让来访者把自己的信念用语言表达出来时，这是他们第一次这样做。通过这种方式，我们让大脑更多地参与到整个过程中，从而帮助我们找到解决方案。

我之所以请比尔在事后对索引经历（reference experience）进行回顾，是因为在经历发生的当下，我们无法理解它。也许它实际上有着积极的意义。我们来举一个例子，说明在经历发生的当下我们无法理解它：有些来访者小时候受到父母的性骚扰，当时他们往往因为年纪太小而无法形成对这件事的看法。他们当时可能并没有形成某种信念——他们只是在做妈妈、爸爸或者其他人想让他们做的事情。只有在事后，他们才会建立起"我这一辈子都被毁了"之类的信念。重点在于，我们在印记经历之中和之后都会形成自己的信念。

罗伯特：这段印记经历还与一位重要他人有关。

比尔：并不止是一段经历，是一段时间内发生的一系列经历。（指向左边）

罗伯特:（重复手势）一段时间。很好，我们想知道是在哪个时间段。比尔，我现在要进行印记重塑的过程。

（对各位学员）让我回顾一下我们做了什么。想到自己可以改变的时候，比尔有一种挫败感，我们对此进行了回溯。我们并不关心这段经历的内容，我们关心的是由此形成的概括性结论——即信念。

印记可能是一个单一的经历，或一系列重复发生的经历。因为这些经历总是反复发生，所以我们相信现实世界就是如此。关于比尔的经历，我想问他一个问题。

罗伯特：认为"自己是错误的"这个信念仅仅来自你自身的经历和感受吗？还是重要他人所做出的评判让你形成了这个信念？

84

比尔：是他人做出的评判，还有后来我对自己的评判。

罗伯特：还有后来你对自己的评判。关于印记，我们可以发现，在建立我们自身信念的过程中，重要他人的信念和我们自身的经历起着同等重要的作用。在青春期，我们或许能够暂时拒绝接受他人的观点。但随着我们进入成年，重要他人的信念便开始对我们信念系统的建立发挥更加强大的作用。

我想请你回顾一下自己青春期的片段，看着当时的自己和那位重要他人。比尔，我猜当你提起无意识的内部恐怖分子时，你是在说自己在重复着重要他人行为的某些部分。但这一次，你要作为你自己来进行体验，而不是那位重要他人。我想知道重要他人需要什么资源。我认为你对自己做出的评判与那个人有一定关联。

比尔：我就是通过那个人对自己做出评判的。

罗伯特：是那个人试图在你身上植入"自己不配得到自己想要的东西"这个信念吗？这是他的目的吗？

比尔：没有。他试图在我身上植入其他信念。他想让我相信，某些行为是不好的。我所有的其他信念都来自于此。

罗伯特：他这样做的目的是什么？他是故意想毁掉你的生活吗？

比尔：不，他是因为关心我。

罗伯特：因为关心你。如果他现在知道你的情况，他会满意吗？

比尔：不会，他不希望我对自己缺乏信心。

罗伯特：你需要给他什么资源，他才能对你做出不一样的回应？

比尔：（仔细想了想）更多的接纳。

罗伯特．所以他需要认识到，不同的人有不同的世界观，我们要对他人有更多的接纳。比尔，你拥有过你所说的那种感觉——更多的接纳吗？对于任何人或事？

比尔：是的。

（对各位学员）我在问比尔，他是否拥有重要他人所需要的资源。

罗伯特：我想要让你清晰地回忆，你完全拥有那种接纳的感觉的时候。找到一次具体的经历。

比尔：（长时间地停顿——点头）我已经拥有那种接纳的感觉了。

罗伯特：（对资源状态设置心锚）抓住这种感觉，把它传递给那位重要他人。他现在就在你的脑海里——那个形象、那个记忆都在你的脑海里。抓住它（抓紧心锚），传递给他。他的做法有什么不同吗？

比尔：他说……我做什么并不重要。他仍然爱我。

罗伯特：他说这话的时候是怎么看着你的？他是怎么说的？那个小男孩是如何回应的？

比尔：他感觉好极了。

罗伯特：他在那里建立了什么信念？

比尔：嗯……我很好。我不需要为自己想要的感到内疚。我可以做我自己。

罗伯特：（坚定地）我可以做我自己。始终都保持同样的感觉。如果那种感觉一直存在……事情的发展会有什么不同？你不必大声说出来。就在内心去做吧，让你的意识用这种信念和感觉去回顾每一次经历。（抓紧心锚）我们知道，这位重要他人当时缺乏"接纳"这个资源，而你却拥有这样的资源。你可以那样对待自己。你现在就可以更新这个模型，这样你就不必一遍又一遍地重复你的挫败感。

现在，比尔，有一个过去的你回到了那段经历中，他也需要他当时没有的资源。如果你现在回头看看他，这是你想要从自己的经历中建立的信念吗？看看这些信念——我不配、我很糟糕，诸如此类。这些是你在那次经历之后想要建立的信念吗？那个过去的你需要什么样的资源？现在你拥有什么资源，可以帮助你在青春期建立一套不同的信念？现在回顾一下那段经历，你更愿意让自己建立什么样的信念？

比尔：嗯……无论得到什么样的反馈，我都能接纳自己。

罗伯特：好的。所以无论从外界得到什么样的反馈，你都能接纳自己。在我看来，你已经了解别人的评判来自他们对于这个世界的看法，而不是你的，那么这段经历就可以带来不同的意义。当你回顾那位重要他人的观点时，你觉得他的想法是正确的吗？顺便说一句，他并没有得到自己想要的，他也并不想让你被自己的信念所束缚。他只是按照自己的信念和信念体系行事而已。你要认识到，他人都有自己的模型，你不一定要受到他们的影响。我想，当你小时候身处这段经历之中时，你并不知道这一点。

比尔：我不知道。我曾经认为他是正确的。

罗伯特：你曾经认为他是正确的。你说"他是出于好意，但却事与愿违"，这好像更加合理，也是你现在才领悟到的。你说想要让自己无论得到什么样的反馈，都能坦然接受。你有过这样的经历吗？哪怕只是有那么一刹那？

比尔：哦，当然。

罗伯特：想想你知道自己可以坦然接受的时候。不管得到什么样的反馈，你都感觉良好。

比尔：我撒谎了。不，我没有这样过。

罗伯特：你最接近拥有这个资源的一次是什么时候？设置心锚和运用次感元的一个优势在于我们可以构建你所需要的资源。

比尔：我想起来了，有那么一次。

罗伯特：(当比尔改变身体状态时设置心锚)发生了什么事？

比尔：有人在电话里很粗鲁地对我发脾气，但我知道他所说的并不符合事实。

罗伯特：好吧，你是怎么知道的？是什么让你在内心知道这一点？(触动心锚)

比尔：我有种感觉，就在这里。(指向心脏区域)

罗伯特：(触动心锚)你能重点描述一下那种感觉吗？那是一种很棒的感觉。如果你想象一幅画面，那会是什么样子的？它的声音是什么样子的？

比尔：它看起来像一盏圆形的灯。

罗伯特：如果你把灯光调亮呢？

比尔：感觉好多了。

罗伯特：如果你把它变大一点，让灯光更多地笼罩在你身上呢？

比尔：我会开始微笑。

罗伯特：是的。现在我想让你做的是，拿起那盏灯(触动心锚)，让它照亮你的过去，照在过去的你身上。(罗伯特的声音节奏配合着比尔的呼吸）让光亮从你身体的那个地方（比尔曾触摸过的心脏位置）照到他身体的同一个地方……即使那位重要他人说了他原本说过的那些话，过去的你也会接收到这光亮，它会在他身上变得越来越大，越来越亮……我很好奇，他会对那位重要他人有不同的回应吗？他会用不同的方式和他说话吗？过去的你会不会说"我觉得你是出于好意，但却事与愿违"？

比尔：不。年轻的我只会让他说出自己的想法，但不会因此受到影响。

罗伯特：那会对那位重要他人有什么影响？

比尔：其实他并没有非常关注我身上发生了什么。我并不确定这样会对他产生什么影响。

罗伯特：也许你想要引起他的关注。

比尔：当然。

罗伯特：如果你拥有了这个（抓紧心锚），你会得到你需要的关注吗？或者你还需要一些其他东西？

比尔：我很难获得他积极的关注。

罗伯特：那我就请你这样做。无论从印记经历，还是你的疾病角度来看，我认为在这里，我们需要另一种资源。你之前说过，除非你生病了，否则你不会得到积极的关注。我在想，自从那段经历以来，是否有一段时间你能从别人那里得到积极的关注？

比尔：是的。

罗伯特：那些资源是什么？想一个特定的时间。

比尔：当我放松下来，回归自我的时候。那是一种轻松自在地和人们待在一起的感觉。（比尔的身体状态变得轻松自在。罗伯特在比尔的肩膀上设置了资源状态的心锚。）

罗伯特：我们也要拿起这个（触动比尔上臂的那个心锚），把这两个资源都带给那个过去的你……那会有点不一样，对吗？

比尔：好吧，获得他的关注好像变成了一场挑战性的比赛。

罗伯特：嗯哼。他的职业是什么？（比尔微笑）让我们利用这两个资源（触动两个心锚），把所有这些经历都照亮，让它们变得更明亮。把这个接纳的资源也带回去（触动心锚）。确保这些资源都适合所有这些经历。让灯像一束光一样穿过，把所有的经历连接在一起……（罗伯特的声调和节奏变得轻柔）你可以非常放松、安全、安静、舒服地和自己待在一起。把它变成一次有趣的挑战，让你得到自己想要的东西。

比尔：好的！

罗伯特：我们还有一件重要的事要做。刚刚你从旁观者的角度对过去的自己进行了观察。现在我想回到过去，让你把自己放到这段经历中。记住，我曾经让你给那位重要他人一些资源。现在，我要你借那位重要他人的眼睛回到过去。在那些情境中，你将站在他的立场上，带着这个资源（当比尔闭上眼睛时触动心锚）。用他的眼睛，说出你想说的话，看到你将看到的。看着你面前的那个正在建立世界模型的小男孩，知道你真的可以关注他，并给予他所需要的支持，让他能够接纳自己和他人。当你完成这一切之后，就可以回到这里……你需要多久都可以。

比尔：（叹了口气，睁开眼睛，看着罗伯特）

罗伯特：曾经有一个小男孩，他需要从内心知道自己很好，知道自己可以放松而自信，可以得到他需要的关注。你看到了如果他拥有与灯光有关的资源和获得关注的能力，那会有多大的不同。

进入那段经历，成为他，并带着这些（保持所有三个资源锚），透过他的眼睛去看。让他看看那位重要他人——他现在已经拥有了他所需要的资源……把所有的情境重演一遍。陪他慢慢长大，直到他成为坐在这里的你。用那些新的信念和理解来看待这些经历，它们对你来说不再仅仅是失败的证据。现在这些经历成为新信念的证据（罗伯特的声音节奏配合着比尔的呼吸）。

比尔：这儿有个洞。（指向他的左耳旁边）那些"你很糟糕"的话语不再向我袭来，但我有一种奇怪的"空虚"感。

罗伯特：你想在那个洞里放什么？

比尔：嗯……我就是个仁爱而温柔的人，这样很好。如果其他人想对我做出评判，那是他们的问题。

罗伯特：把它放进去。我想让你听到这句话。把这个声音放到那个洞里，让它在那里回荡。用各种各样的方式来说这句话，感情越充沛越好。尽可能多用丰富的感情多说几遍。所以无论你感到沮丧、快乐、愤怒还是其他，你知道自己就是个仁爱而温柔的人，这样就很好。如果其他人要做出评判，那就是他们的问题。你总是可以选择让自己从他们那里得到积极的关注。大声说出来，再大声一点，用声音把洞填满。好吧，现在，当你刚刚坐在这里的时候，你想要什么——你之前看到的那个形象发生改变了吗？

比尔：我的那个形象变得更加饱满和坚实了。

罗伯特：你值得得到这一切吗？

比尔：（肯定地）是的！

罗伯特：你能像我们讨论的那样好好照顾自己吗？

比尔：当然。

编者注：罗伯特刚刚开始干预时，比尔的肤色苍白，身体松垮。在印记重塑的过程结束时，他的肤色变得更加健康，背也挺直了。

◎ 答疑和总结

答疑

女学员：您让比尔回到过去，看着那段记忆中的自己和那位重要他人。然后您让他进入自己和重要他人的角色，让他们拥有更多的资源。可以再做一下总结吗？

罗伯特：你刚才所说的就是印记重塑的核心。一旦我们找到了印记经历，我们既要给予来访者资源，也要给予印记经历中的重要他人资源。记住，我们要改变的并不是重要他人，而是让来访者改变他自己的观点——即他因印记经历而纳入的信念。当我们以多样化的视角来看待一个情境时，即使不增加资源，这段经历所带来的意义也会有所不同。

我们可以做这样的尝试：回想一次不愉快的经历，也许是一次争吵，也许是有人说了什么话伤害到你。回想这件事，就好像它正发生在眼前……现在想象自己浮在空中，俯视着这个场景，看着那个过去的自己和另外一个人。注意他们的姿势、他们的声调、他们的动作和手势，想想他们过去和现在的经历。然后进入他们的角色，尽可能完整地运用他们的身体状态。从他们的视角来看待你自己，重新完整地体验这个事件……然后再挪到一边，以旁观者的角度看着过去的自己和另一个人重新经历这件事。接着回到过去的你，重新进行演绎。注意每一次的体验有什么不同。

从多个不同的角度获得更多的信息，会让我们改变自己的观点。这些转换是很有冲击力的。多视角看待问题为我们智慧地做出决策、解决冲突、进行谈判和厘清过去奠定了基础。

男学员：对那些罪犯，比如强奸犯、施虐者等，你也会像对待比尔的"重要他人"一样给予他们资源吗？

罗伯特：进行印记重塑是为了让来访者意识到，人们（包括施虐者和强奸犯）需要什么样的资源来彻底解决或避免这样的问题。通常当人们成为强奸或其他暴力的受害者时，他们不愿意给予罪犯任何资源。他们是如此愤怒，也有充分的理由感到愤怒。我们这样做似乎是在原谅罪犯或者为他们开脱，而受害者并不想饶恕他们的罪行，或者为之进行辩解。

实际上，给予罪犯资源的目的并不是要为他们的行为进行辩解，或者把记忆抹去。相反，对于受害者来说，了解罪犯需要哪些资源才能改邪归正是非常重要的。当一个人成为受害者时，他们会通过愤怒或恐惧来保持限制性信念。向罪犯提供资源，是帮助受害者超越限制性信念的一个步骤。我们绝不会是想为他们令人发指的行为进行辩护。

大多数情况下，我们可以在印记经历发生之前给予罪犯他们所需的资源。让我给你举一个例子。我有一位女性来访者，她的母亲在盛怒之下把她放到了五层楼高的窗户外面。母亲是如此愤怒，以至于想要把她扔到街上摔死。如果我们询问这位女性，在她母亲把小时候的她放在窗外的那个时刻，我们需要给予母亲什么资源，那是很荒谬的。我的做法是，让这位女性把电影回放——回到事件发生前的某个时间，我在那里安装了资源。有了适当的资源，来访者的母亲就绝不会变得歇斯底里，以那种方式来恐叮自己的女儿。

处理恐惧症也是类似的做法。我们让来访者在导致恐惧症的特殊事件发生之前，在他们还感觉自己是安全的时候开始回忆那段经历。然后他们会以旁观者的身份播放电影，看着年轻的自己经历那个特殊事件，直到他们重新感觉自己是安全的。

我们可以把恐惧症看作是一种特殊形式的印记。当我们针对恐惧症工作时，我们要把恐惧放在两个让来访者感到安全的时间段中间[1]。在针对创伤性印记工作时，这是一个总体的原则，即从资源状态（或者至少是中性状态）到创伤状态，再从创伤状态到资源状态。这种与来访者工作的方式有助于把创伤事件隔离开，让来访者给这个事件画上一个句号。

男学员：有些印记是具有创伤性的。像恐惧症快速治疗那样，仅仅让来访者抽离出来，这样工作是否没有全部完成？

罗伯特：我们通常只需要进行恐惧症快速治疗。记住治疗的最后一步，我们让来访者回到过去重新体验创伤的时候，又把来访者和创伤重新连接起来了。但有时候，我们也需要谨慎处理。弗洛伊德相信，恐惧症是替代性焦虑（displaced anxiety）造成的。恐惧症患者实际上怀有指向某位重要他人的恐惧或其他情绪。要解决恐惧症，就必须首先揭示和处理这个根源。当然，这种做法的问题在于，人们必须经历很多痛苦，才能解决关系的问题。而有了NLP，我们可以立刻解决这些情绪，因此来访者不必不断体验恐惧和恐慌。有时在恐惧症的背后，仍然存在着其他有待解决的关系问题或者印记。

在我处理过的许多造成恐惧症的创伤印记中，确实会牵涉另外一个人。

我记得曾经和一位女性来访者工作，她害怕飞蛾。她可以神情自若地拿着一只塔兰托毒蛛，但当一只小小的飞蛾从她身边飞过时，她就会抓狂。她患上恐惧症最初是因为，在她小时候，一位朋友拿着一个装着巨大的月形天蚕蛾的瓶子追着她到处跑。她感到在其他朋友面前很丢脸，但她并没有把自己的恐惧和愤怒怪罪于朋友，而是把恐惧与飞蛾联系在一起。我用NLP和她一起治愈了恐惧症，消除了她的恐惧，但单凭这一点并不能解决她在那个情景下产生的所有问题。

我们也可能会遇到其他类型的恐惧症，我们需要做的不仅仅是缓解来访者的恐慌情绪。有时，当孩子被父母单独留在家里，孩子遭遇一些糟糕的事情时，就会出现这种情况。我的一位女性来访者害怕水，因为她曾经差点被淹死。在她母亲痛打她的时候，她试图从她母亲身边游开，差点淹死。恐惧症治疗技术消除了她对水的恐惧，但显然，还有其他问题需要我们去处理。

女学员：当您对过去的创伤进行了印记重塑，或解决了相互冲突的身份结构，您如何得知来访者是否拥有足够的策略以积极的方式继续改变？如何得知来访者是否还有办法得偿所愿？

罗伯特：让我用一个故事来回答这个问题。NLP教练和作家大卫·戈登（David Gordon）和我曾经跟一位强迫洗手的女性一起工作。她认为这些"真实存在而又凭空想象的跳蚤"会爬到她身上。当它们爬到她身上时，她能"感觉"到，所以它们"真实存在"。但是她也知道，没有人会有这样的经历，所以它们是"凭空想象"的。这些跳蚤已经纠缠了她整整15年，她的生活饱受其苦。

这些跳蚤以某些方式主宰了她的生活。她有72副手套，会在不同场合丁佩戴它们。她必须回避见人，以免别人身上的跳蚤会爬过来。她认为自己父母身上也有跳蚤，所以尽管她"非常爱他们"，但却不得不限制和他们的接触。因为跳蚤们是凭空想象的，所以它们可以做一些不寻常的事情，例如通过电话爬过来。正因为如此，她无法和家人通太长时间的电话。

在和她工作的过程中，我建议针对她对这些跳蚤的过敏进行治疗。我告诉她，这显然是一种过敏反应，因为即使跳蚤在其他人身边到处都是，他们也不像她那样受到影响。她对跳蚤过敏，就像有些人对花粉过敏一样。这确实打消了她对跳蚤的担心。她并没有形成有关过敏的自动化信念，我给了她一些糖丸，小心模拟她的思维过程，告诉她这些糖丸可以治愈她的过敏。

第二周，她见到我的时候真的很害怕，因为药片起了作用。她不知道该买什么样的衣服了，因为她以前总是买一些大尺码的衣服。这样袖子就可以遮住她的手，让她不受跳蚤的侵害。她也不知道该如何对待父母，如何做饭，如何进行其他日常活动，因为对跳蚤的关注已经不再是她的生活中心了。

她需要各种各样的策略。我们和她一起制订了一个新的决策策略，并让她模仿其他人，获得新的行为方式。这个故事的重点是，通常在我们帮助来访者改变了限制性信念之后，他们原有的行为方式就不再适用了，我们需要为他们提供新的策略。

我们会从来访者那里听到各种各样令人惊讶的与整体平衡有关的阻抗，有的非常有意思。当我们到达治疗的某个点，他们会说："如果我按照你的要求去做，我相信自己真的会改变！"但是当我们要求他们移动内部图像，完成部分整合（visual squash）的时候，他们却会止步不前。他们其实并不确定自己是否已经准备好改变自己的身份。

女学员：来访者认为印记是真实发生的经历，而不是自己的想象，这重要吗？

罗伯特：我有一位来访者加入了一个崇尚冥想和独身的宗教团体。她抱怨说自己在冥想时看到了一个大阴茎，并且她无法让它消失。她真的感到很困扰。每个人都说她是多么圣洁，但她却认为自己很糟糕。

发生这类体验一般是因为我们的潜意识想要沟通某些信息。可以尝试找一下潜意识想要沟通的信息是什么。显然，在她很小的时候发生过一件糟糕的事情。她不知道是什么事，她对此感到害怕，所以她不愿意去回想。我建议她在想象中拿起那张模糊的图片，把它远远地贴在墙上，只有一张邮票那么大。这个距离足够远，可以让她置身事外。她开始看那张图片，能够看到一个男人和一个女人在做与性有关的事情——却不知道是什么。当她慢慢让图片离自己越来越近时，答案出现了。

她认为，自己小时候可能被父亲猥亵过，但她不确定。她记不起发生了什么事，她很困惑。也可能是她母亲（用令人信服的声音）给她讲的一个关于她外祖父的故事，而她想象了这个故事的画面，让自己身临其境，并产生了感受，就好像发生在自己身上一样。无论这件事是发生在她或她母亲身上都无关紧要，因为这在她的体验中是真实的。

她从未面对过这个问题。对她来说，那就是个巨大、黑暗、糟糕的东西。她想象了当时发生了什么的无数种可能。最后，我告诉她，这并不重要。重要的是，她需要一些资源。我让她对每一种可能性进行推演，假装它是"真实的"，然后为每一种可能性找到解决办法。整整二十五年以来，一段甚至无法确认其真实性的体验让这位来访者饱受困扰。因此"事情的真相"其实并没有那么重要。

男学员：在进行印记重塑之后，怎样才能知道真正发生了什么？

罗伯特：我们实际上是在给来访者一个机会去更新他们头脑里的东西。我们并不是要让他们怀疑经历的真实性，而是让他们有机会重新体验这些印记，不再带着创伤和消极的影响。我们最终拥有了不同的信念、不同的资源，以及有着全新意义的印记。

我们并不试图抹去实际发生的事情，因为印记本身并不能带来改变。重要的是，我们从这个印记中学到什么，并且我们可以提醒自己，现在我们拥有了所需要的资源。

总结

1. 确定与僵局有关的具体感觉（也可能是话语或者形象），并为之设置心锚。大多数人想要回避这些感觉，因为它们并不令人舒适。但我们要谨记，回避这些感觉就无法解决限制性信念的问题。让来访者和这种感觉共处（保持心锚），并回忆与之有关的早期经历。

当来访者仍然沉浸在过去的状态中时，让他用语言描述从那次经历中形成的概括性结论或信念。

2. 让来访者从这段体验中抽离出来，观看自己的经历，如同在看一场关于自己的电影。请来访者说出因为那段印记经历而形成的其他概括性结论或信念。这些信念往往是在事后形成的。

3. 找到与僵局有关的感觉的积极意图或继发性获益。此外，如果记忆中涉及重要他人，也要找出他的行为的积极意图。可以通过直接询问来访者在画面中看到的那个人，以此来发掘他的积极意图。

4. 确定来访者和重要他人在当时需要但却缺乏哪些资源或选择，并且来访者现在已经拥有了这些资源或者选择，设置心锚。记住，我们不需要把自己局限于来访者或者重要他人当时的能力。只要是来访者（而不是重要他人）现在拥有了这些资源，我们就可以使用它们来帮助来访者改变这种体验。

5. 针对印记经历中的每一位重要他人，请来访者重放电影，看看如果那位重要他人已经获得了必要的资源，那么自己的体验会有何变化。每一次只针对一位重要他人进行工作，以确保添加资源后足以改变体验。如果体验没有改变，返回到步骤3和步骤4，发掘其他可能被忽视的积极意图或资源。

在添加资源之后，请来访者说说自己现在将接受什么样的新的概括性结论或信念。

6. 利用步骤4中设置的资源锚，让来访者从印记经历中所涉及重要他人的角度（每次一位）重温印记经历。在添加资源之后，请来访者说说自己现在将接受什么样新的概括性结论或信念。从对方的眼睛里观察自己的体验。最后让来访者代入早年的自己，以早年自己的身份重新经历。在整个过程中，我们要保持资源锚。我们要多次重复新的体验，让它在来访者的头脑中和最初的印记一样深刻。请来访者说出自己现在会根据新的体验重新得出什么样的概括性结论。

7. 在整个过程中保持所使用的资源锚，请来访者顺着时间线从最初的印记回到现在。向来访者建议，当他顺着时间线回来时，也可以想一下其他的生活场景，在这些场景下，当前的资源锚有助于改变其他的体验。

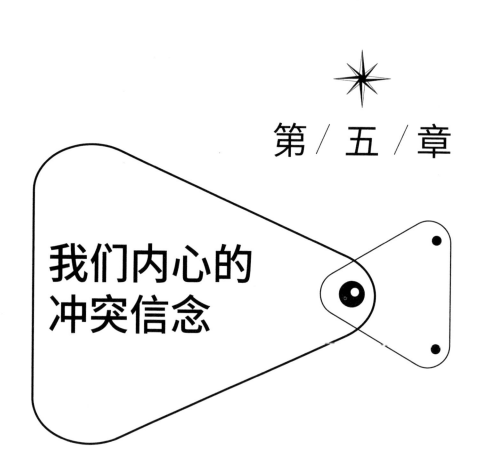

第 / 五 / 章

我们内心的
冲突信念

我们都会有摇摆不定、左右为难的时候。你经历过这样的时刻吗？你决定要早起锻炼，但是当清晨到来时，被窝是那么舒适，你根本无法睁开双眼。于是你继续呼呼大睡，但是接下来整整一天，你的脑海里都有个声音告诉自己，"你真是太差劲了"。又或者，你其实想自己做点什么事，却不得不为一个朋友跑腿？这些都是不一致的例子。

不一致通常是我们自己的内心冲突，就好像自己有双重面目——有两个你。我们的一部分想做某件事，而另一个部分却反对这样做。不一致的可能是两种行为、两种信念、两种信念体系，甚至是我们身份的两个方面。

有时，当我们为自己的信念和身份冲突所困扰时，我们的一个部分甚至都没有意识到另一个部分的存在。因此，我们对自己感到很困惑。我记得一位女士告诉我，她不明白为什么丈夫一直说她是个挑剔的人。她并不这么认为，她一直确信自己是一个充满爱心、乐于奉献的人。她能够意识到的乐于助人的那部分，与需要自我满足的那部分失去了联系。因此当她自己的需要被忽视时，她会防备和厌恶别人。只有把自己的这两个部分整合起来之后，她才能兼顾自己的感受和别人的感受，否则她就不会快乐，行事也会喜怒无常。

◎ 信念不一致的四大原因

不一致可能源于印记经历、对重要他人的模仿、准则排序的冲突，以及人生转折和过渡。

印记

印记会导致内部冲突，就像我们在前一章中从比尔身上看到的那样。在成功地对个人史的一部分进行印记重塑之后，我们仍然需要解决不一致的问题，需要考虑用什么样的信念来塑造未来那个"全新的自己"。印记重塑之后，来访者的问题并不一定再与过去有关，而是与现在和将来有关。

模仿

也许在生命的某个时间点，我们模仿了重要他人所持有的某种信念（比如"你必须总是把别人放在第一位"），然后由于一些原因，我们又有了另一位持有不同信念（比如"我自己的需求最为重要"）的重要他人，并习得了他的信念。无论是为自己着想，还是以他人为先，这些互相对立的信念都会让我们感觉自己很糟糕。因为我们无论怎样选择都是错的，都处于一种双重束缚中。

另外，我们也可能会模仿家庭中不同的成员，他们所持有的信念是相互冲突的。可能父亲喜欢抽烟，而母亲却对此深恶痛绝。假设我们童年内化了这种冲突，成年后自己在吸烟时就很可能会在脑海里一遍又一遍地重演父母关系的这种冲突。总之，我们从自己所模仿的重要他人那里学会了看待事物的不同准则、价值观和策略。

准则排序

我们内心的冲突往往是关于准则的冲突。我们可能会说："我想要一座风景优美的新房子，但是我得存下我的退休金。"我们最终可能会买下房子，接下来开始为未来担忧。信念、信念体系或者身份层面的冲突是相互独立的，而准则不同，它是按照一定的次序排列的。我们将在第六章中对准则进行更加充分地讨论。

人生转折和过渡

人生转折和过渡也有可能会带来冲突。例如，乔治与他的父亲和叔叔一起为某公司工作。他们是坚定的工会支持者，不信任管理层，抱有传统的"蓝领"价值观。乔治的大部分身份是建立在对家庭价值观和行为的聆听和观察之上的。某天，他突然被提升到"白领主管"这一高薪职位，一大堆始料不及的冲突向他扑面而来。他自问："这是否意味着我和父亲并不一样，或者比我父亲更加优秀？我现在是否变成了一位年轻的精英，在接受新的价值观之后，完全抛弃了原来的信念和价值观？我是否会因为升职成为家人和自己一直批评和憎恨的那种人？"尽管在我们的文化中，这种升迁意味着乔治的"成功"，但却给乔治带来了信念上的冲突。

人生转折不仅仅是一个小小的改变，有时还会关乎你是谁，以及你的身份是什么。早在1982年，在我和母亲一起因为她的健康问题展开工作时，当时她生活中的许多事情都在发生改变。我发现，她在做一位母亲还是做一个可以自我关照的、独立的人方面存在很大的冲突。她会说："照顾别人很重要，但我现在终于有时间为自己做一些事了。我需要从这些压力中解脱出来。"然后她会又转念说："也许我太自私了，只考虑自己需要什么。"几乎在同一句话里，她会在这两个信念体系之间来回切换，却没有意识到，自己在传达两个相互冲突的信息。

我让母亲对自己的两个部分进行视觉化。当她对"母亲身份"的部分进行想象时，她想象出一位丑陋的老妇。她有些疲累，想要休息，但总是想要照顾别人。这是母亲的一项人生使命。母亲的另一部分则是一位衣着鲜艳的空中飞人，和她平时判若两人。这个部分在说："忘了那个母亲的身份吧，所有人都那么依赖你，你都无法抽身来照料自己。"

这两个部分无疑代表了截然不同的存在方式，甚至它们彼此并无好感。当谈及自己的成就时，她身体的不对称体现了这种分歧。我说的不对称是指，她在谈到母亲部分的时候用右手做手势，在谈到做自己的部分时用左手做手势。她的双手并没有同时做手势。这些冲突影响了她生活的方方面面，包括生存的意愿。冲突如此咄咄逼人，又无处不在，以至于当她想到自己即将离世的时候，似乎能感觉到一种平静。

她的母亲和姐姐都死于乳腺癌。当我们讨论她康复的可能性时，她感到内疚。回首往事时，她会说："她们是我的榜样。我怎么有资格比她们更厉害呢？"然后，我要求她不仅仅考虑自己的榜样，而是展望未来，并看到她的女儿（我的妹妹）在看着她，看看她应该如何生活。这对她产生了巨大的影响。当她想到自己的女儿时，她不想让女儿仅仅因为自己得过乳腺癌，就也患上乳腺癌。这帮助了我母亲对与角色模仿有关的旧有信念进行印记重塑。

总而言之，即使我们成功地对个人史的一部分进行了印记重塑，我们可能仍然要解决不一致。通常在印记重塑之后，我们会看到自己的"两面"。可能是两种信念，也可能是彼此冲突的身份的两个方面。这种冲突并不是因为过去，而是因为我们需要创造一个全新的、面向现在和未来的身份。

◎ 识别和解决冲突的信念　————————————

当我们和有冲突信念的来访者一起工作时，会经常观察到他们的身体姿势不对称。这种不对称并不像肤色变化或其他微小的身体线索那么微妙，通常很容易被看到。当来访者在谈论问题的一部分时用左手做手势，在谈论另一部分时用右手做手势时，我们就要发现正在面对的这两个部分是互相割裂的。有意思的是，我们可以留意到，右手（对右利手的人群来说，右手的动作与左脑相关，他们的眼球解读线索一般是有规律的）与处理关系、利他的意图有关，左手（与右脑功能相关）则与成为自己、拥有富足和完整的人生更加相关。这种冲突可以被定义为"以他人为中心"与"以自我为中心"之间的分歧。

我们也可能面对的是"兴奋"与"抑制"的冲突，来访者的一部分有着宏伟的想法，想要勇往直前，但是另一部分却想让他们后退。于是，他们只能踟蹰不前。我的一位来访者对创业有很棒的想法，但他也在纠结是否要留在目前的政府工作岗位上，因为这代表着"安全感"。两个不同的身份互相打架，当他想到辞职去创业的时候，就会感到焦虑。但是想到继续从事现在的工作时，他又会很沮丧。

当针对这些冲突工作时，我们会看到与各个部分或信念相关的不同身体状态。当来访者想自己创业时，他会用高亢快速的声音描述自己的计划，抬头看着自己的右边（视觉结构），用左手做手势。谈及现在的工作能带给他安全感的问题时，他的声音平缓，左手一动不动地放在膝盖上。

了解是否存在冲突的一个方法是观察来访者的描述。如果我们在来访者做手势时看不到整体的协调性（双手同时按相同的方向移动），这就是在向我们警示可能存在相互冲突的信念。

许多接受过 NLP 训练的咨询师会考虑使用部分整合来处理两个相互冲突的部分[1]。当两个部分差异非常巨大时，一般的部分整合技术（将两个行为整合起来或者把两个心锚合并）并不会有效。如果我们认同其中一个部分，而对另一部分做出消极的评判，那么部分整合的效果也不会太好。这里有个很典型的例子。

我的一位来访者在意外失去一位近亲之后，沉浸在悲痛之中无法自拔。他开始暴饮暴食，体重增加了很多。他的两个身份之间存在重大的冲突。小时候的他胖乎乎的，有点自卑。他经常感到害怕，这个世界似乎随时都会将他吞没。然而到了青春期，他长得相当魁梧，肌肉发达，长得像电影演员汤姆·塞立克（Tom Selleck），他觉得自己无所不能。

当我和他一起工作时，我们开始对各个部分进行整理和识别。很明显，他一方面充满了忧虑，有很多退缩的想法，甚至对核战争产生了偏执的念头。另一方面，他又有极度自信的部分，认为自己做任何事都可以心想事成。这两个部分与他生命中不同的阶段相关。"偏执"的一面几乎与"自信"的一面完全相反，它们对于每一件事的意见都是相左的。

我请他在双手中充分想象它们的样子、声音和动作，从而把自己和两个部分分离出来。当他对两个部分进行描述的时候，我发现它们是互相关联的，就如同物质和反物质（缺少了这一部分，另一部分就无法存在）。当他认同了自己身份中"无所不能"的一面时，就认为另一部分既软弱又无用。当他认同偏执的部分时，又觉得另一部分并不是"真实的"，只是他编造出来的。这一个身份就是另一个身份的反面。

我意识到，考虑到其中所涉及的信念，我无法直接把两个心锚合并起来，或者用催眠的语言把两个画面堆叠在一起进行整合。如果我这样做了，我确信我们会破坏他的思维过程。我必须小心翼翼，让他从两个部分抽离出来，在双手中对它们进行想象，从而理清头绪。

随着每一部分的定义越来越清晰，显然我们需要提出一个新的信念体系，这个体系可以容纳两个相互冲突的身份。要做到这一点，我们可以"勾勒出"各个部分的意图（询问"拥有它能给你带来什么？"），直到我们找到两个部分都拥有的共同意图。然后，来访者就可以把这两个部分整合成一个新的身份，一个新的自我形象，这个新的身份和形象处于更高的思维逻辑水平。需要提醒大家的是，在试图对两个身份进行整合之前，找到它们的共同意图非常重要。否则，就像我前面说的，我们可能会破坏来访者的思维过程。

我们对来访者身份互相分离的部分进行整合的目标在于创造新的自我形象。我们回头参照一下我母亲的冲突，当她将自己的两个部分（"母亲"和"空中飞人"）放到一起的时候，一个非常有意思的形象出现了。自动出现在她面前的形象是墨丘利，他长着巨大而闪闪发光的翅膀，同时又有硕大的双足，可以脚踏实地。

◈ 解决信念冲突演示 ────────────────

编者注：迪伊在大部分时间都饱受哮喘和过敏的折磨，她对猫的过敏反应特别严重。罗伯特请迪伊将当前状态（哮喘和对猫的过敏反应）与期望状态（在摸触猫时一切如常）进行对比。当罗伯特问她为什么会有健康问题的时候，她产生了一种"无助和毫无价值的"感觉，但也有与之相关的愤怒。罗伯特对这种感觉设置了心锚，并要求她让那种感觉引导她回到过去，找到问题的起源。她发现当她还是个婴儿的时候，父母经常吵架，并且忽视她。我们居然能够对成年时一种熟悉的感觉设置心锚，并且使用这种感觉来引导来访者回到前语言阶段的体验（pre-verbal experience），这真是令人惊叹。这通常是实现年龄回溯、找到问题印记起源最为简单快速的方法。

迪伊回忆起自己躺在婴儿床上哭泣，她需要关注但并没有得到回应，因为父母在忙于吵架。在和迪伊的工作中，罗伯特使用了第四章中描述的印记重塑，并根据迪伊的具体情况对程序进行了调整。

通常当我们帮助来访者添加了适当的资源，解决了导致限制性信念的历史问题时，他仍然无法将所有的资源组织起来，达到自己期望的目标。如前所述，这些资源存在于身份的各个互相分离的"部分"，还没有被整合起来。

在演示的开始，罗伯特正在与迪伊对印记重塑的结果进行测试，并且发现了一个重大的冲突。

罗伯特：回到这里的这个部分。（引导她的眼睛看向他们所在的位置，在这个地方，她在印记重塑的过程中产生了无助感）

迪伊：我感到好奇又害怕。

罗伯特：是对什么？

迪伊：我感觉到了危险，好像那里有什么可怕的东西。

罗伯特：那里有什么？你还需要什么？

迪伊：我首先想到的是，我需要一个不会受伤的保证，但我想我不会得到那样的保证。我感觉自己会被毁灭。

罗伯特：是不是有什么东西会毁了你？

迪伊：是的。它会毁了我。

罗伯特：你知道那是什么吗？

迪伊：感觉像个黑洞。

（对各位学员）这里有一个画面"感觉像个黑洞"。注意，迪伊往下看，似乎在看向她的右边。她的瞳孔放大了，她在描述一种颜色。她的眼睛位置说明她产生了一种感觉，同时她又在描述一种颜色。这是一种联觉，即我们同时产生不止一个表征系统的体验。这常常会让来访者更加难以从内心理解不愉快的体验——似乎这种体验在她的脑海中没有那么清晰。

它并没有完整的画面或声音，显得支离破碎，我们难以从内部破译。就好像画面和声音都在那里，但它们仍然漂浮在来访者的意识之外。通常，来访者只能意识到这种感觉不太愉快。我要指出的是，联觉并不总是代表着障碍，它还代表多才多艺。例如，莫扎特在他的创作策略中就使用了联觉。但是当我们处理限制性信念时，就好像我们的思想都被攒成了一个单一的、令人困惑的表征，无法清晰地看到或者听到内部的情况。

罗伯特：你害怕自己会被吸进那个"黑洞"里，并且可能永远都无法脱身？

迪伊：是的。

罗伯特：而你想要获得的某种保证，就是无论那个黑洞代表什么，你都可以进退自如？

迪伊：是的。

罗伯特：这句话的意思是，没有任何保证（指向那个部分），我就没法帮助你做到这一点，除非我们至少可以保证你不会被毁灭。要怎样，你才能对此进行探索，并确保自己在进入这个黑洞时不被摧毁呢？你需要什么资源？换句话说……

迪伊：我觉得那个危险在外面……好像那里真的有什么东西可以毁掉我。

罗伯特：在哪里？

迪伊：在远处。（手势）

罗伯特：它在你的记忆里吗？

迪伊：不，它在远处。（手势）

> （对各位学员）这非常有意思。是在外面（指向远离迪伊的位置）还是在里面（指向她的身体）？

罗伯特：它是你的一部分吗？我们不想让你被毁灭，也不想湮没真相。你现在有点好奇了……

迪伊：是的。我真的很好奇。

罗伯特：你怎样才能对远处的黑洞进行探索，而又不让它危及自己的安全呢？顺便说一句，你对它很感兴趣。如果我能看到那里发生了什么（指向远离迪伊的位置），我能看到并且知道它就在那里，那么我就可以更好地保护自己的安全，而不是避而远之。

迪伊：问题是里面太黑了。（笑）

罗伯特：看来你需要一种资源，帮助你先看一下它，而不是直接走近它。使用光这个资源怎么样？如果你在对那个情境进行想象时使用一些资源，会有帮助吗？

迪伊：是的。

罗伯特：那就这样做吧。让眼睛看着这里（指向迪伊认为黑洞所在的位置），这样你就能感觉到它是什么——并且它在远处。它与你的距离比较远，所以并不存在危险。保持这个距离，目光向上，远远地看着它。别让它再靠近，以免它伤害到你。

迪伊：好的。感觉它就像一个漩涡。

罗伯特：你看到了什么？不要感觉它，要看着它。

迪伊：很难把它照亮。我感觉它的周围都是光，但它本身是黑暗的，感觉就像一个漩涡，可以把我吸进去，摧毁我。

罗伯特：这是另一种烟幕。所以你不能照亮它。它是什么？也许是你的另一部分。

迪伊：好的。我现在看到它了。这是非常冲动和疯狂的部分。

（对各位学员）我们已经开始讨论身份问题了。她说："这或许是我的一部分。这个部分在我身上出现时，我会变得冲动而疯狂。"那是非常真实的。我知道有些人会陷入这种冲动。你们之中有些人可能见过在这样的漩涡里行事的来访者。我之前提到过，有些人会试图把这部分关在笼子里，这样他们就可以避开它。这样做的话，我们将永远无法解决冲突，那个部分还是在那里，等着把你卷入漩涡。

罗伯特：那部分的你想为你做些什么呢？它想要把你吸进去摧毁吗？

迪伊：似乎是好奇心让我想要进入那个黑洞。似乎好奇心也是危险的。

罗伯特：好奇心害死猫（迪伊对猫严重过敏），但是别担心——猫有九条命。（笑声）从某种意义上说，这是两件事。这个部分本身是冲动的，并不一定是好奇……

迪伊：对。它非常危险。完全是冲动的。它根本不思考。

罗伯特：这就是它的目的吗？问一问那个部分，它是否打算毁灭你，把你吸进去，完全冲动地做事。

迪伊：并不是。它想要乐趣、刺激和冒险。

罗伯特：所以它想要乐趣、刺激和冒险。它并不想给你的生活带来有威胁性的、漩涡般的破坏。

迪伊：对。

罗伯特：你现在把猫从袋子里放出来了，你发现它的牙齿和爪子并没有你想象的那样锋利。你小时候养过猫吗？

迪伊：没有。

罗伯特：你养过动物吗？

迪伊：没有。

罗伯特：从你记事起？

迪伊：是的。

罗伯特：所以，这个部分想要乐趣和刺激，而另一个部分则有好奇心。这两个因素组合在一起，才会让你想要进入那个黑洞。换句话说，这个漩涡包括了相互呼应的两个方面，而不仅仅包括其中一部分。你需要什么资源，才能让自己获得那个部分想要的乐趣和刺激，但是并不沉迷于其中而被摧毁呢？或者说，这样你就不会失去自己的身份，陷入一团混乱之中呢？

迪伊：我的第一个想法是对它进行分析，但是当我这样做的时候，所有的好奇心都消失了。

罗伯特：所以，当你对它进行分析的时候，所有的好奇心都消失了。而当你好奇的时候，又无法进行分析。

迪伊：对。

（对各位学员）我们再次听到了互相分裂的过程。我们怎样把分析和好奇心结合起来呢？这两个资源无法共同协作。这是一种策略吗？我们怎样才能同时保持好奇心和分析能力？

罗伯特：让我们来处理好奇的那个部分。你好奇的那部分在哪里？

迪伊：我现在感觉很好奇。

罗伯特：哦！所以你很好奇。你分析的那部分在哪里？

迪伊：它在观察。

罗伯特：好的。它们并没有太多互相重叠的地方。你把它们分别放到两只手上。

迪伊：这个是分析，（指向右手）它穿了一套西装。

罗伯特：非常合适。它穿了一套西装。让我们看看这一部分。（指向左手）你好奇的那部分像什么？

迪伊：艺术家。

罗伯特：所以，她很有艺术气息。

迪伊：嗯。

罗伯特：你的另一部分像什么？（做手势）喜欢"乐趣和刺激"的那部分？

迪伊：一堆麻烦。（笑）

罗伯特：她看起来像什么？

迪伊：我不想告诉你。我需要对此进行审查。（笑）

罗伯特：没关系。我们可以从你的身体状态和肤色改变看出来。我们又看到了互相割裂的体验。分析的部分是如何看待创造性部分的呢？

迪伊：并不怎么想起她，觉得她很浮躁。

罗伯特：觉得她很浮躁。她（指向左手）是不是故意想变得浮躁的呢？

迪伊：嗯。

罗伯特：她想要变得浮躁？这就是她的人生目标？

迪伊：是的。她想好奇，想画画，想有创意，不想赚钱。

罗伯特：不赚钱，还是她不在乎钱？

迪伊：她不在乎钱，结果就是她不赚钱。

罗伯特：她回避金钱吗？你一开始就是这么说的。

迪伊：不，她没有回避，她只是做那些与赚钱无关的"事情"。她不用承担太多责任。她不用付账单，也不用清理卫生间台盆，还有……

罗伯特：不过这些也都是必要的。

迪伊：（犹豫）

罗伯特：现在让这个部分（指向左手）看一看这个部分（指向右手）。

迪伊：她觉得另一个很乏味。

罗伯特：太好了！所以你可以在乏味和浮躁之间做出选择。（笑声）这让我想起伍迪·艾伦（Woody Allen）的一句名言。他说："一条路通往灭绝，另一条通往无望和绝望。让我们祈祷自己有智慧做出正确的选择。"（笑声）

> （对各位学员）你们可以开始看到双重束缚是如何发生的。当她清理卫生间台盆的时候，她很负责，但是很无聊。如果她做了另一件事，她很有创造力，并且这给予她某种意义，但是她是浮躁的。这又回到了兴奋和抑制的问题，我们还要回到这个部分（指向外侧）。我们想要弄清楚如何让这两个部分协同工作。

罗伯特：这个部分（指向右手）也必须在那个部分（指向左手）那里找到资源。

迪伊：她很欣赏这种创造力。

罗伯特：你看，创造力也可以是实用的。因为如果只是死记硬背，我们可能会习惯性地做一些不切实际的事情。

迪伊：嗯。

罗伯特：同样的，如果想要有创造力（左手），那么就需要这一部分（右手）来执行。在现实世界中，事情就是如此发生的。

迪伊：她（左手）确实很欣赏那个部分（右手），只是觉得她那个部分很乏味。

罗伯特：但依然看到了她的价值。

迪伊：是的，看到了她的价值。

罗伯特：把这两个部分互相结合，让自己既有创造力又脚踏实地，这个主意怎么样？

迪伊：那是不可能的。

罗伯特：为什么不可能呢？

迪伊：因为这是一种妥协。

（对各位学员）我们听到的是"我们不会这样做，因为那样，我们必须互相妥协"。

罗伯特：我并不想让你对她们中的任何一个妥协。事实上，刚才任何一方都无法很好地完成自己的工作，因为另一个总是会出来唱反调。怎样才能拥有双方的完整资源呢？就是说，像这个部分（左手）一样有创造力，又像这个部分（右手）一样脚踏实地，这样你不必放弃任何东西，你只需要添加资源。怎样才能创造出某些东西，让你同时兼具这两个部分呢？现在她们总是在互相反对。

你是否认识这样一个人，他既有创造力又脚踏实地，既不做出妥协，也不乏味或者浮躁？

迪伊：我可能认识这样一个人。我能想象一个我认为可能是那样的人吗？

罗伯特：可以。他做了什么？他如何进行平衡，把两个部分整合起来，这样任何一方都不必做出妥协，并且都可以充分利用对方的资源？

迪伊：嗯……我不太了解他的生活。我能想象一下吗？

罗伯特：当然。你可以这样做，这个有创造力的部分（左手）可以创作一些内容，而这个部分（右手）可以对它进行检验，看看是否切实可行。所以，有创造力的部分提出了各种可能性，而另一部分为你进行检验。

迪伊：噢！……（长时间地停顿）这个有创造力的部分（左手）产生了一些绝对不离谱的想法，这个部分（右手）知道很不实际。

罗伯特：那没关系。与其拒绝这些想法，不如让这个部分（用右手）对它们进行改进。它们越是看起来不切实际，就越会容纳新的可能性。当你把这些想法变成现实的时候，你会发现自己提出的解决方案是其他人望尘莫及的，因为他们并没有从这样一个貌似离谱的想法出发。你能这样做吗？

迪伊：嗯。我正在这样做。这个部分（右手）喜欢这些想法，但不想现在就实施这些想法，因为缺少资金。

罗伯特：继续进行下去，让她对这些想法调整一下，这样你不需要资金就可以实现这些想法，或者让这些想法引导你找到资金。

迪伊：哦！好的。

> （对各位学员）在我们开始在这两个部分之间进行谈判前，这些想法被不假思索地拒绝了。现在我们在两个部分之间建立了一个反馈框架。这一切都是合乎逻辑的，但在确立这个框架之前，人们是不会这么做的。

迪伊：这个部分（右手）必须知道资金在哪里。

罗伯特：关于这一点，那个部分（左手）可以帮忙。

迪伊：嗯。（她的双手开始一起急促地移动）

> （对各位学员）你们可以看到她在无意识地移动双手。

迪伊：这是一段充满试探的关系。（笑声）

罗伯特：我看得出来。

迪伊：有一些信任，但还不够。

罗伯特：她们需要什么才能彼此信任？

迪伊：体验。她们需要继续下去，体验对方的资源。

罗伯特：还缺少另外一个东西。现在我们有了这些想法，但是乐趣和刺激去哪里了？一旦我们奠定了坚实的基础并且开启了整合的进程，就不再需要害怕了。我们可以从化学的角度来看待这个过程。如果把两种物质放在一起，就会产生化学反应。但是如果我加进这个、那个，还有其他的东西，然后就会瞬间产生一种全新的溶液。这个比方或许并不能完全说明整个过程，因为在我们对与这些部分相关的神经学模式进行整合时，实际上会产生大脑的化学变化。

迪伊：（她的双手仍然在一起缓慢地移动）这种感觉太奇怪了。（笑）

罗伯特：这种感觉越奇怪，就越说明你步入正轨了。

迪伊：好吧。我不太确定！（笑）

罗伯特：这是脚踏实地的部分（右手）在说话。对这件事，你确实需要实际一点。

迪伊：我的一部分想要说："对极了。对极了。"这个部分（右手）对那个部分（指向远处）真的很不高兴，并想对她指指点点。

罗伯特：哦。所以这个脚踏实地的部分（右手）在责备那个喜欢乐趣的部分。

迪伊：她想对此进行告诫和纠正。

罗伯特：你并不想把事情搞砸，也不想因此被劝告，而是想获得乐趣和刺激，这个脚踏实地的部分（右手）能够理解这一点吗？

迪伊：对。她理解……

罗伯特：但脚踏实地的部分（右手）不能接受她这样做的方式。

迪伊：或者说她想要这么做。

罗伯特：她不相信那就是她想要的。

迪伊：有可能是那样，她担心她会做错事。

（对各位学员）这就带来了压抑和冲突。

罗伯特：那个喜欢乐趣的部分（指向远处）相信如果把那个脚踏实地的部分加入进来的话，它们就都可以享受乐趣和刺激吗？

迪伊：嗯。但这个脚踏实地的部分（右手）并不相信。这个部分非常僵化，想要以特定的方式来完成事情，但是这种方式已经失效。

罗伯特：她知道这一点吗？

迪伊：是的。

罗伯特：所以，即使脚踏实地的部分想要获得乐趣，她还是陷入了僵化之中。那么她在以一种自己不喜欢的方式行事。如果要采取不同的方式来行事，这一部分需要什么资源？

迪伊：她需要更多经验。

罗伯特：在你还没有经验的情况下，你会如何反应？这是一个围绕身份的重要问题。你会变成一个不同的人。在进行尝试之前，如何知道会发生什么样的结果？这个双重束缚在于，你会想："在经历过之后，我才会相信，但因为无法相信，我就无法经历。""忘记信任的问题，直接去做吧。"这个有创造力的部分（左手）很可能会这样说。而那个脚踏实地的部分（右手）会说："不。不要做任何尝试。"

迪伊：对。确实如此。

罗伯特：怎么能做到？有创造力的部分（左手）知道。

迪伊：有创造力的部分（左手）确实知道。喜欢冒险的部分（指向远处）会播放电影。

罗伯特：如果让这个部分播放如何完成、如何获得一些经验的电影，而让那个部分（右手）进行可行性评估，会怎么样呢？

有创造力的部分（左手）会启动，脚踏实地的部分（右手）会停止，而喜欢冒险的部分（远处）会对正在进行的事情播放电影。而这个脚踏实地的部分（右手）会对影片进行编辑，确保它切实可行。

迪伊：是的。然后这个有创造力的部分（左手）可以给予那个部分（远处）更多信息。

罗伯特：这是个办法。

迪伊：是的，然后这个部分（远处）可以再次播放影片，这个脚踏实地的部分（右手）会对影片进行审核。

罗伯特：如果影片不通过，也不一定要拒绝……她可以对影片进行改进，"这看上去很别扭。你可以对其中一部分进行改变吗？"

迪伊：没错。嗯。那很有意思。这个脚踏实地的部分（右手）获得信息，并且可以给予信息，而那个部分（远处）就像可以将所有信息整合在一起的编辑器。

罗伯特：你能这样做吗？

迪伊：是的。

罗伯特：你能把她们都放在一起吗？

迪伊：她们确实都在一起。好吧……那个部分（远处）还在那里，但我想没关系。

罗伯特：我们也想把那个部分也整合进来。

（对所有学员）我们要确保她有平等的机会接触到所有的部分。我们想要让它们整合起来。

罗伯特：你怎么才能把它整合进来，让那个巨大的黑洞成为你的一部分？让它成为完整的你的一部分，这个完整的你可以接触自己的所有部分？

迪伊：这个部分（右手）认为，也许我们应该把那一部分放在外面。

罗伯特：我相信她是这么认为的。但这样是行不通的。你现在需要做什么？是让你拥有更高质量的体验，还是变得更加实际？

迪伊：好吧。它现在到这儿（左手上）来了。

罗伯特：所以，这个部分（左手）既有创造力又喜欢乐趣。从本质上来说，她迈出了一小步。我们先把这个部分（远处）放在这里（左手上）。

迪伊：（右手向左手移动）

罗伯特：这个脚踏实地的部分（右手）比这个喜欢乐趣和冒险的部分（左手）更加焦虑。这个部分（左手）还需要别的吗？这个部分也因为自己的身份感到害怕。

迪伊：我知道这个部分（左手）需要什么，我把它放进去了。

罗伯特·很好。现在我想确保大家都没有异议，同意走到一起组成一个新的部分。一个既有创造力又懂得享受乐趣，既脚踏实地又善于分析的你。

迪伊:（双手继续无意识地一起移动）感觉他们不再有异议了，他们已经准备好接受彼此了。

总结

在迪伊继续对自己的这些部分进行整合的时候，让我总结一下我们在这里所做的工作。我们首先通过印记重塑来清理迪伊的个人史。有时候，当我们进行了印记重塑之后，来访者仍然存在相互冲突的部分。所以一开始，我们可以通过观察来访者身体状态和姿势的不对称来识别处于冲突的各个部分。

随后，我们请来访者对各个部分进行完整地表征，在两只手上观察、聆听并感觉它们。然后请一个部分看看另一部分，并对另一部分进行思考。通常，它们都非常不赞同对方的意见，或者并不彼此信任。

接下来，我们要帮助来访者找到各个部分的积极意图或结果。很多时候，它们会认为对方的意图是消极的，抵达各个部分的意图层面对于这个过程是非常关键的。很常见的情况是，它们都不会反对另一方的意图。通常，我们可以继续和两个部分进行工作，直到它们找到双方的共同意图——例如确保来访者过上有意义、有价值的人生。

最后，让各个部分看着对方，发现存在哪些资源。在这里，我们可以请来访者把各个"部分"看作是一套资源。如果来访者可以获得所有这些资源，当然就能更加有效地处理自己的问题。让各个部分对于所期待的结果达成一致意见，是我们能做的最重要的事情之一。

我们还希望让来访者认识到，如果这些部分能把各自的资源结合起来，作为一个整体，它们将变得更加强大，就能实现更高层次的共同目标。共同的意图让它们开始分享资源，这样我们就可以让双方发挥最大的能力，朝着共同的目标努力。到这个时候，我们看到各个部分结合在一起，合而为一，使来访者成为一个整体。这种感觉——成为一个"完整的人"的感觉——是无法用言语形容的，因为那就是成为真正的自己。

◎ 答疑和总结

答疑

男学员：您提到我们应该在整合完成后进行测试。您是怎样进行测试的？

罗伯特：当迪伊的双手合在一起的时候，我问了她一系列问题，看她是否有能力以一种有乐趣的、创造性的方式赚钱和做实际的事情。迪伊的回应是一致和积极的，做手势时，她用了两只手，它们和谐地同时移动。

为了确定整合是完整而彻底的，我开始让来访者参与适合的活动。如果来访者在处理吸烟的问题，我会让他回去想一下吸烟的画面，留意会发生什么。然后，我会观察他的身体状态是否是整合的。如果他嘴上说看到的画面是整合的，但身体并非如此，我会选择相信身体状态，知道整合还不够彻底。

当然，进行行为测试肯定是最好的方法。如果我们能够让来访者真实地进入曾经产生问题的情境当中，并且获得全新而一致的回应，那么我们就知道，某些事情已经改变了，整合已经完成了。

女学员：在这个过程中，迪伊有时似乎很困惑。这是怎么回事？

罗伯特："积极的"困惑和"消极的"困惑是有区别的。有时候来访者感到困惑，是因为不同的部分刚刚整合到一起。而有些时候则是因为它们没有整合在一起。在这两种情况下，他们的想法和感受都会变得陌生，并且无法理解到底发生了什么。

当我们刚刚把相互冲突的部分整合起来时，来访者整个世界就焕然一新，一切都不一样了，这种困惑就是积极的。与此相反，有时候内在的各个部分似乎在撕扯着来访者，让来访者不知道何去何从。这种困惑会让来访者陷入困境。

女学员：你为什么把各个部分放在手中？

罗伯特：我之所以让来访者把他的各个"部分"放在手中和它对话，是因为我想抓住一种感觉，并给它添加视觉和听觉的表征。我希望他能接触大脑的更多部分，而不是仅仅是一种感觉。这种做法也是从不对称手势自然发展而来的。

此外，当我们让来访者对他手中的那个部分进行观察、聆听和感觉的时候，是在让他从"超然位置"（meta-position）的角度考虑这个部分和它的意图。他没有被卷入其中，而是置身事外，因而可以用一种不同的方式来看待它，并且获得新的视角。

男学员：如何得知应该在什么时候进行印记重塑，什么时候解决冲突呢？

罗伯特：如果来访者的动作明显表现出不对称并且左右摇摆，我会解决一致性问题。如果来访者动作比较对称，但是可以观察到很多明显的身体状态，我就会知道这可能是个印记。

女学员：您谈论过不对称。是否还可以关注或者使用其他身体状态的线索？

罗伯特：有时，当一个人处于一种冲突的状态时，他会很难将视线从一个眼部解读位置移动到另一个位置。我们经常会发现，每一次眼部运动都与不同的身体状态有关。当来访者描述一种信念时，他可能会看左上方。当他描述与这个信念相冲突的另一个信念时，他可能会把目光移到右下方。如果在处于不同身份时，来访者的身体状态存在很大的差异，我们就可以确定其心理过程也会有很大的差异。

当我和来访者一起工作时，我经常会问这样一个问题："是什么妨碍了你得到自己期待的结果？"然后，我会在他们有意识地思考之前，寻找其当下的无意识生理反应。（这就是所谓的半秒法则）我对来访者口中说出的答案不感兴趣，因为只有最初半秒内出现的非言语线索，才能让我确切地知道来访者是如何陷入困境的。

当来访者把视线从一个位置移到另一个位置时，有时我们会发现他眼部的运动会不连贯。当他把视线从左上方移到右下方时，我们会发现停顿或方向上的偏差，这个信号告诉我们：整合存在一些问题。

当我们发现眼部运动不连贯时，第一步就是着手将两种身体状态整合起来。我们的目标是帮助来访者轻松地从一个眼部象限移动到另一个象限。我们可以让来访者完全进入一种状态，在保持这种状态的同时，把眼睛移动到那个冲突的象限。最终，我们可以帮助来访者在两个象限之间真正建立起一个通道。这将建立一条获取资源的新路径，让来访者拥有更多信念和行为的选择。

所以，我们可以通过在两端之间创造顺畅的移动来促进整合，而眼球解读线索为我们提供了途径。我们也可以通过声调来促进整合。让来访者从一种声调开始，然后慢慢地改变声调或者节奏，直到最后变成另一种声调。主要目的就是在两个相互冲突的部分之间创造连接。

建立顺畅通道（视觉或者听觉）的最佳时间是在来访者"不知所措"的时候，那代表他处于僵局之中。此时把两个部分连接在一起往往会为来访者带来截然不同的变化。

总结

1. 识别相互冲突的信念，并对每个冲突部分的身体状态进行准确测定（特别留意不对称）。

2. 通过所有感官系统对信念进行表征，把不同的信念分别放在两只手中。看着右手中抱有"X"信念的自己，看着左手中抱有"Y"信念的自己。找出与各个部分相关联的画面、声音和感觉。

3. 请各个部分看向彼此，并描述它看到了什么。在这个阶段，各个部分往往对彼此并无好感，也无法相互信任。我们应该能看到来访者在双手之间来回切换时表现出不同的身体状态。

4. 找出各个部分的积极意图和目的，确保每一部分都承认并接受另一部分的积极意图。指出他们之间的冲突直接干扰了自身积极意图的实现。

如果有必要，对各个部分更高层次的意图进行探讨。

5. 识别各个部分都拥有的共同目标。

6. 请各个部分看向彼此，并描述另一部分所拥有的对自身有帮助的资源。确保各方一致同意整合各自的资源，从而更好地实现自己的积极意图。

7. 如果这两个部分中有一个形象是隐喻性的，那么在此时把这个部分看作自己。

8. 建议各个部分同时移动，以创造一个全新的身份。通过所有的感官系统获得充分整合了两个部分资源的完整表征。对两个部分所展现身体状态的整合 / 对称性进行准确测定。

9. 当双手一起移动并且整合完成之后，在未来的情境中进行测试，以确定并不存在整体平衡问题。

第／六／章

重要的信念：
准则和价值观

准则和价值观是特定的一类信念，告诉我们为什么一些事物有着重要的意义或者价值。它们的力量是非常强大的，并且是因人而异的。

关于以下这个问题，你可以想想自己的答案："你想要一份什么样的工作？"第一时间浮现在脑海中的词语，就代表了你对于工作的准则。如果我们现在所担任的职位在很大程度上并不符合这些准则，那么在工作中就会闷闷不乐。我们可以通过下面的方法来验证准则的威力：询问一位朋友刚刚的问题，并记下他的准则，然后，我们按照自己的准则给朋友分配一个工作任务，然后再用朋友的准则给他分配同样的任务。除非我们和他的准则完全相同，否则会看到他的身体状态发生很大的变化。同理，如果我们想让别人对某件事感兴趣，就要使用他们的准则，而不是我们的准则。

有时，人们对准则进行思考和内部表征的方式可能会存在问题。这些问题可能与以下因素有关：排序、程度、精准定义、身份、冲突。

◉ 影响准则的五大因素 ——————————

1. 排序

每个人都会按照次序排列自己的准则。比如说，娱乐和谋生对我们来说都很重要，而谋生可能比娱乐更为重要，所以我们不会因为要去滑雪而向领导请假。

当我们的内部排序不够合理时，就可能会遇到问题。例如，如果我们认为享受甜食比保持健康更为重要，体重就会大幅增加，罹患疾病的可能性也会增加。

2. 程度

我们处理准则时还有程度的问题。例如，通常谋生比娱乐更加重要，但是当我们在一次有趣的聚会和收入微薄的工作之间进行选择时，我们也有可能会选择娱乐。

如果我们对于程度的问题认识不清，可能就会遇到麻烦。例如，有些人会为了挣钱从不娱乐，那他们可能会因为对自己的生活不满意而寻求咨询师的帮助。

3. 精准定义

有时候，人们对自己准则的界定并不清晰。例如，有位来访者说："身体健康是很重要的。"咨询师问："你说的身体健康是指什么？"在回答这个问题的时候，他们就会另外列出一个清单，例如精力充沛、体重合宜、感觉自信等。当他们还没有认真思考是否符合某个准则，或者什么是次级准则（sub-criteria）和准则等同（criteria equivalence）的时候，他们就会感到困惑而茫然，不知道如何才能取得自己期待的结果。如果把一个准则分解成几个部分，我们就能确切地知道它到底是什么，需要怎么做才能符合这个准则。

4. 身份

如果在计划购置车辆时，你认为一辆跑车代表着"全新的自我"，而一辆旅行车代表对家庭的责任，那么你所面对的就不仅仅是准则的问题，还有身份的问题。

我再举一个吸烟的例子。有些人戒烟是因为这会给别人带来困扰，他们认为，被别人欣赏这个准则比从吸烟中得到乐趣更加重要。他们运用自己的准则来改变行为。然而另外一些人的问题却更为复杂，他们说："如果我能戒烟，那么我就能做任何事情。我就可以真正成为自己一直想要成为的样子。"和前者工作时，我们在帮助他改变一种习惯和行为。和后者工作时，我们需要处理的则是"他是谁，以及他将要成为谁"的问题，情况就会复杂得多。

5. 冲突

我们内心的冲突常常是与准则有关的冲突。例如，你想做一些有意思的事情，但却必须谋生。如果你在内心认为二者是非此即彼的对立关系，那么选择这个，就意味着放弃那个。无论你最终选择哪一个，都会感觉背叛了自己。

对准则和价值观进行了简单介绍之后，我想探讨这样一个话题：有些人想要做出特定的改变，但却裹足不前；或是开始做出改变，但却突然失去了动力；或是在试图进行改变时候，陷入了某种冲突之中。一个常见的例子是：你决定进行锻炼，但是到了锻炼的时间，你又想去做其他事情。在这种情况下，你就会存在准则的冲突。各位有过类似的经历吗？

◉ 解决准则冲突演示 ────────────

罗伯特：玛丽，请到前面来吧。

玛丽：每当我开始节食的时候，我都只能坚持几天，然后整个计划就泡汤了。

（对各位学员）所以玛丽的问题是，她决定开始做某件想做的事情，但却不能坚持到底。她真正的目标不仅仅是减肥，而是建立新的饮食模式。节食的功效往往并不长久，因为它不一定会塑造更健康的行为模式。

"节食"（diet）这个词到底是什么？"死"（die）的结尾加上一个"t"。我不认为节食是最为有效的减肥方法。在减肥时，我们首先失去肌肉组织，然后是脂肪。在增重的过程中，脂肪先长回来，然后才长出肌肉。

我们的身体在试图达到肌肉和脂肪稳定平衡的过程中，体重会忽上忽下。许多人在节食时体重轻得很快，但是最后又恢复了原来的体重。我将此称作"腰围控制的起伏疗法"。要让自己达到并保持健康的体重，我们需要重新调整饮食策略和准则。

罗伯特：你说自己开始节食或者体重降到某个点之后，就会发生一些事。发生了什么呢？你无法坚持下去了，或者你感到灰心失望了？到底发生了什么？

玛丽：我减肥后，体重能维持一段时间，然后我就停下来，体重又反弹了。你刚刚说话时，我想起一件事。大约一年前，我停止了节食，在那之前有一年半的时间，我一直小心翼翼地控制着自己的饮食。我决定让身体恢复自然的重量，从那时起，我的体重就开始疯涨。

罗伯特：你说的只是让身体做它想做的事情，但我们真正谈论的是让你的身心和谐统一。你的目标不仅仅是减肥，而是变得更加苗条，对吗？（玛丽点头表示肯定）变得苗条会给你带来什么呢？

玛丽：我想要步履轻盈，形象优雅，优雅的形象对我来说更加重要。我也想让自己的形象和体重符合一位治疗师的身份。

> （对各位学员）在确定她期待什么结果的同时，我一直在收集非言语信息。眼球解读线索是她为我们提供信息的途径之一。当谈到步履轻盈时，她的眼睛向下看，那个位置并不完全是一个身体感觉线索（kinesthetic access）。

罗伯特：当想到步履轻盈时，你觉察到了什么？

玛丽：我主要觉察到步履轻盈是什么样的感觉。但是我觉得在那上面还有些其他东西。（指向右上方）

罗伯特：所以你产生了一种感觉，并看到了某种模糊的视觉结构。你想要让自己拥有优雅的形象。你对此怎么看？

玛丽:（眼睛移向右上方）我不能看得很清楚，但是我知道有一些色彩，并且有些物体在移动。我的经验是，当我想到这件事的时候，看到的画面都会很模糊。

> （对各位学员）在这里，我要谈到一条重要的规律。当我们询问某个领域的成功者时，他们有关自身特长的表征通常是清晰、包含着丰富细节的。他们对自己取得成功的过程有着生动鲜明的表征。而当我们问及失败的经历时，他们的表征往往是模糊的，并且几乎看不到身体状态的反应。
>
> 相反，无法顺利完成某件事的人在描述成功经历时，内部表征是非常模糊的，并且几乎看不到什么身体状态。而如果问及那些失败的时刻，他们的表征是非常丰富细致的。
>
> 我最近和一家公司进行洽谈。这家公司为体育节目制作视频，他们正在运用 NLP 的一些发现和方法。其中一个方法是反复呈现某个图像（比如正确的高尔夫挥杆动作），让受训者有一个参考的图像作为模型。大脑对某件事的感官信息越多，获得的细节越丰富，我们就越能够去完成它。

罗伯特·你看到了怎样的图像？你是身临其境还是置身事外？像你以前见过的事物，还是更像一个视觉结构[10]？

玛丽：像一个视觉结构。

罗伯特：形象优雅吗？

玛丽：（眼睛移到右下方）我对此有更多的体验。我能感觉到。

罗伯特：好的。当你想到职业一致性这个概念时，内部发生了什么？

玛丽：我还是不确定自己内部发生了什么。我对作为治疗师的自己感觉非常好，在我有效地完成了工作时，我会看到许多画面。在某种程度上，这些画面与我的超重并不匹配。

罗伯特：你在谈论某种比较。你在比较什么？是不同画面之间的比较，还是画面与体内感觉之间的比较？

玛丽：这些画面与我对自身的感觉不匹配。

罗伯特：玛丽，想一下是否有那么一次，需要在新的饮食习惯与旧的饮食习惯之间做出选择时，你最终选择了后者。那时候发生了什么呢？

玛丽：有时候，我可以把体重保持在比目标体重更高一点的水平。当我接近目标体重时，似乎那里存在一个障碍。我离得越近，就越容易偏离。

罗伯特：当你偏离目标体重的时候，到底发生了什么？你是怎样"偏离"目标体重的？告诉我来龙去脉。

玛丽：我有一种感觉，人们会更多地通过外貌，而不是内心来了解我。

罗伯特：这个准则对你意味着什么？意味着你不想被评判？意味着他们会认识真正的你？

---

[10] 视觉结构：来访者视觉化之后看到的内容。

玛丽：好像他们会肤浅地看待我，无法了解我的内心世界。

罗伯特：所以无法了解你的内心世界。还有吗？

玛丽：我很喜欢选择多种多样的食物，特别是重口味的食物。如果我不偏离目标体重，我担心自己会失去这些选择。

> （对各位学员）失去多样化的选择。无法了解你是什么样的人。这些都属于"远离型"[⑪]的元类别（meta-sort）。它们都是负面的，她在试图避免负面的结果发生。达到理想体重可能意味着人们会无法了解她是什么样的人，意味着她会失去生命中丰富多样的选择。

罗伯特：当你想到人们只是肤浅地对待你，而不能真正地了解你，为什么会如此在意？

玛丽：我感觉自己转变了立场，我离自己心目中那个形象有些遥远。我还在内心听到一句话，我想之前听到过这句话。有一次，我的体重马上接近目标体重了，丈夫说无论我减到多少磅，我仍然是梨形身材。

罗伯特：啊哈！所以，这里有一个听觉记忆（A）表征，同时有一个非常重要的身体感觉（K）表征。还有别的吗？你说你有些"转变立场"。

你仍然在这种负面的感觉里，是吗？所以在这一系列表征之后，突然出现了这个负面的身体感觉，它与其他表征都不同，非常强烈。

所以你听到了那个声音，产生了那种糟糕的感觉。这是你听到的全部，还是有另一个声音？那个声音有没有带来其他记忆或者思绪？

玛丽：（看向右上方）嗯……我在脑海中看到的梨形身材就是我母亲。

---

⑪ "远离型"：会尽量规避风险，并在确保万无一失的情况下，才会采取下一步行动。

罗伯特·这是一个记忆中的形象吗？

（对各位学员）她看到了一个梨形。现在她说她看到了。

罗伯特：你真的看到了吗？那个形象清晰吗？我看到你在空中追踪那个形状。

玛丽：这显然比我建构的理想自我形象还要清晰。

罗伯特：当你看到那个形状的时候，你也看到你母亲的形象了吗？它与你母亲有什么关联？

玛丽：我能看到她的画面忽隐忽现，当时她没有穿衣服。我有很多次见到这些画面。

罗伯特：你能看到多少张画面？

玛丽：两三张。

罗伯特：所以有三张视觉记忆（V^r）画面。

（对各位学员）我们可以看看她呈现这些体验的方式，我们也开始留意到这些表征是不对等的。在她理想状态的画面中，她只看到一些色彩，感觉到有物体移动。而在这里，她的表征要丰富很多。两者确实有很大的差异。我们需要对它们进行平衡，使之对等。

罗伯特：让我们谈谈多样性的问题。你为什么觉得自己会失去多样性？

玛丽：与节食有关。节食减少了我对食物的选择。

罗伯特：具体是指什么？

玛丽：就像是非此即彼。我似乎不能做到少食多餐。如果我无法拥有很多选择，就无法得到满足。

罗伯特：在这里，我只想知道，当你担心失去多样性时，那是什么样的情形？你的内心发生了什么？

玛丽：我看不到任何画面，但如果我抬头看那里（看向右上方），我几乎不会因为失去多样性而纠结。

罗伯特：所以在某种程度上，多样性和内部听觉联系在一起。把你的眼睛往下移到那里。（指向她的左侧）如果你失去多样性，会怎么样？

玛丽：我听不到一句话，耳朵里只是嗡嗡作响。

罗伯特：好的，嗡嗡作响。

（对各位学员）当我们观察她的解读线索时，我们知道她的表征显然是听觉对话。但是我们只关心当下的结构。现在双方（两个意象）旗鼓相当了。

在我们着手把这些都整合起来之前，还有最后一步要做。我们想要找到比"她丈夫说她是梨形身材"的声音和"她母亲的梨形身体"的记忆画面更加强大的内部表征。

罗伯特：有没有过什么时候，你做了某件事让你失去了多样性，但还是会这样做，即使你的选择会受到限制？

玛丽：学习！学习、学习、学习、学习。

罗伯特：学习！并且我们听到你说了五遍学习。你是怎么想到学习的？

玛丽：我容易在任务中迷失方向，但却可以完成别人分配给我的任务。就像你昨天在工作坊上给我们分配任务的时候，我可以想到其他完成任务的方法。我可以轻轻松松地让自己坚持按照你所建议的方法完成任务，因为我想要学习你的方法。（玛丽的语速加快，音量稍稍提高，表示视觉解读。）

> （对各位学员）当她说话的时候，我可以看到她读取了更多内容。

罗伯特：当你描述这件事的时候，内心发生了什么？显然你说了一些话，并且这些话语带着某种语调和节奏。

玛丽：我感觉到自己非常轻盈。我感觉放松多了。

罗伯特：你是怎么知道感觉更放松的？这种感觉是来自话语还是画面？

玛丽：这是一种令人兴奋的感觉。我觉得自己真的可以改变。

罗伯特：这是一种令人兴奋的感觉。你说了五遍学习，然后对自己说了一番话。你对自己说了什么？

玛丽：实际上，我并不能听到所有对自己说的话，但是这些话很有节奏感，也很有技巧。

> （对各位学员）好的。学习这个想法让她不再害怕自己失去多样性。它由听觉、身体感觉及视觉构成，这些部分都有可以被识别的次感元。现在，我们拥有了足够的信息，可以选择一个特定的过程来协助玛丽做出自己想要的改变。单单利用这个准则本身，我们就可以使用至少三种不同的方法。
>
> 其中一种方法叫作制衡（leveraging）。在这个例子中，我们可以抓住可以让她放弃更多选择的更高层次准则——学习，并把这个准则应用到饮食上面。我们知道，学习的准则会超越多样性的准则，但是她并没有应用这个准则来达到自己理想的体重。

玛丽：我喜欢这个说法。"达到自己理想的体重"听起来比"减肥"

好多了。

罗伯特：而且听起来更加响亮。怎样才能把达到自己理想的体重、形象优雅、感觉自信和保持平衡变成一项学习任务呢？这不也是你需要学着去做的吗？

玛丽：我一直在学习有关身体的内容，并且我意识到要学习的内容还有很多。

罗伯特：怎样才能学会达到自己理想的体重，而不必失去自我或多样性？

玛丽：我相信这是可能的，但我无法证明自己能做到。

罗伯特：你可以证明自己能够学着做吗？

玛丽：嗯……我能证明自己学到了很多东西。

罗伯特：你是否能够证明与学习本身并没有关系。当你开始学习某个事物的时候，你并不知道会发生什么。你确实知道怎样独辟蹊径，你很容易就能找到方法。

玛丽：在这里，我仍然有一种感觉。（指向自己的正中）

罗伯特：在这里，你有一种感觉（指向她的正中），就是自己无法做到。注意这种感觉与学习的表征完全不符合。那它来自哪里？这和你会失去自我或者失去多样性都不一样。"你无法做到"听起来像是一种信念。那种感觉来自哪里呢？

玛丽：这里。（指向胸部正中）好像我在呼吸时能感觉到它。（她开始流泪，肤色变亮）

罗伯特：（轻轻触摸她的胳膊，帮助她打破状态）好的。顺便说一句，我可以从你的身体状态看到，你现在的这种感觉是最为一致的。这里还有另外一件事。你谈到梨形身材。（她再次展示出正中感觉的身体状态）在《神经语言程序学·第一卷》（*Neuro-Linguistic Programming, Volume I*）中，我们提到过，梨形身材者拥有一种特定的策略，也就是视觉 - 身体感觉策略，视觉的位置在上方，身体感觉的位置在下方[1]。

当你改变自己的体重时，你其实是在改变自己的策略。你将会成为另外一个人。你思考的方式会有所不同。视觉解读在某些方面开始比身体感觉更占上风，但这并不意味着你失去了身体感觉。梨形身材的人倾向于视觉引导，但身体感觉是基线。所以，当你谈论达到自己理想的体重时，你是在谈论自我改变，即让视觉部分成为你自己更重要的一部分。

玛丽：我心里想的是要学习、学习、学习、学习、学习。

罗伯特：没错。在减肥的时候，你必须接受自己成为另外一个人。学着成为一个全新的自己时，必须处理很多事情。你现在的感觉无疑是单纯的身体感觉。这是一个重要的信息。这种感觉似曾相识吗？

玛丽：……就好像，因为我母亲就是梨形身材，所以我自己也必须是梨形身材。因此我真的感觉很沮丧。（流泪）

罗伯特：（对感觉设置心锚）让我们带着那种感觉回去，和它一起待一会。你是什么时候第一次产生那种感觉的？那种感觉从何而来，哪些信念与它联系在一起？

玛丽：在我的家族里，很多人都会关注我，并且父母总是把我跟他们进行比较。

罗伯特：当你想到那些言论，就产生了那种感觉吗？这种感觉很强烈。

玛丽：并非如此。

罗伯特：回到让你产生那种感觉的地方。

玛丽：……那是在我十二三岁的时候，当时我妈妈强迫我使用开塞露。我甚至不清楚那是否因为治疗的需要。我记得自己尖叫着告诉她"不要"，但她还是那样做了。（开始哭泣）

罗伯特：没事的。你通过那次经历建立了什么信念？

玛丽：她会获胜，而我会失败。

罗伯特：现在，我们可以回到现在。（轻轻拍打她的手臂，打破状态。）

（对各位学员）大家注意，在玛丽的整个描述中，有一个"迷失自我"的主题。当一种极其强烈的身体感觉出现时，这通常是一次印记造成的结果。当我看到来访者如此强烈的身体感觉时，我的问题是："为什么这个准则对来访者来说如此重要呢？"

例如，为什么有人会认为个人对家庭的责任要比自我关爱重要得多呢？一个人如此坚定地想要坚持某件事情，是由于印记性的经历。十之八九都是如此。开塞露事件发生的时间点，通常恰好在我们形成身份认同的时候。

你认为你的母亲会在意你的反应吗？很多时候，父母把自己的意志强加在孩子身上，但并没有造成印记。但有些时候，他们强加于我们的事情，关乎我们的身份，因此这个事件成为印记。如果你并不明白父母为什么要这样做，并且和他们较劲，那么这件事就可能成为一个印记。

罗伯特：我想要让你看着那个"过去的你"和母亲正在争吵。你可以让她们冰释前嫌吗？（笑声）……现在我们看看会发生什么。对，当你现在看着那个场景，你有什么其他的结论吗？

玛丽：她并不理解我。她并不相信我。

罗伯特：她并不理解你。她并不相信你。这又是另外一组对等关系[12]（complex equivalency）了。你母亲是有意让你失败，不相信你，并且让你陷入今天所面临的困难吗？

玛丽：并不是。

罗伯特：当你现在回顾过去，你认为她的意图是什么？

玛丽：我想，她在做她认为必须做的事。我想当我反抗的时候，她就觉得无法控制我。

（对各位学员）我之所以要讨论这个问题，是因为当人们难以保持理想的体重时，一般都会存在控制的问题。我们内心有一位蓄意破坏者，其作用是保留我们自身的控制权。我们内心的这个部分会寻找一些方式来进行反抗。所以在你被迫使用开塞露之后，你一直对此耿耿于怀。

我记得在我青春期的时候，也存在类似的议题。我父亲早上会走进我的房间说："起床吧，该去学校了。"我不想起床，因为是他让我这样做。我只想因为自己想要起床而起床。所以我等了5分钟，然后就可以因为自己想起床而起床。4分半钟之后，他会再次叫我起床。然后我又得等上5分钟。这就开始成为一个控制的问题。顺便说一句，对这件事，我为自己进行了印记重塑。

罗伯特：所以你母亲的意图并不是想跟你进行你死我活的战斗。那么你母亲需要做什么，才能让这段经历对你们两个来说都变得更加积极，才能不让这件事陷入你死我活的僵局呢？

玛丽：她需要教我怎么自己来做这件事。她还需要向我解释为什么要

---

[12] 对等关系：个体将某人行为的一个部分等同于整个沟通过程，然后将其标定为自己的内部体验。

这么做。在那个年纪，我本来可以自己搞定的。

罗伯特：这里又涉及学习的问题。所以，她需要知道你喜欢学习，她需要教你。她还需要认识到，你已经到了可以照顾自己的年纪。玛丽，我知道当你和来访者一起工作时，有时候会发现他们需要独立去完成某些事情。你需要"授之以渔"，而不是"授之以鱼"。想一想，在什么时候，你确实产生过那种感觉？

玛丽：是的，有过那么一次……（当她回想当时的情形时，罗伯特对她的状态设置了心锚。）

罗伯特：现在，让我们保持这个心锚，回头看看你的母亲，给她那样的资源。她会用怎样不同的方式来处理这种情况？

玛丽：她的整个声调都变了。她会把我带到另一个房间，解释发生了什么事。她很冷静，很有耐心。

罗伯特：那个过去的你怎么样？她的反应如何？

玛丽：她感觉很轻松，又有点好奇。

罗伯特：好的，不错。我想让你再次重放整个事件。现在你的母亲很耐心，也非常通情达理，你的反应会是怎样的？我并不认为小时候的你想要做出那样的反应，在后面的日子里，你都为此困扰不已。当时那个过去的你需要获得什么资源，才能让那个情境不再成为这次不愉快的印记经历呢？

玛丽：我需要说清楚自己想了解更多的信息。

罗伯特：你需要说清楚你想要从母亲那里了解信息。使用开塞露这件事本身并不是问题。你母亲需要知道，控制并不能解决问题，她应该给你更多信息。

143

你曾经这样跟别人交流过信息吗？你可以确认自己和对方的想法，并且直截了当地讨论问题的重点吗？

玛丽：答案是肯定的，但我想不到某件具体的事。

罗伯特：当然，找到具体的例子有着重要的意义。或许某件事情让你感到困惑，你需要把它弄清楚，而不是陷入无谓的争吵……你跟对方说："我理解你的意图是这样那样的，但是我需要首先弄清楚一些事情。"你可能会跟医生、老师等进行这样的对话。

玛丽：我记得有一次我在医生办公室里，他们想要实施某种治疗。我请他们完整地解释治疗的细节，这样在进行治疗之前，我可以理解背后的意义，我想知道会发生什么，以及所有的替代方案。我对他们并不反感，我只是想了解情况。

> （对各位学员）之前在讨论自己在节食方面的努力时，玛丽说她开始"转变立场"。当她转变了立场之后，就不再想减肥了。
>
> 印记会产生什么作用？它让我们开始与来自过去的他人交换位置。于是，减肥就不再是我们主动想要做的事，而是强加给我们的事。因此为了保持自我的完整性，我们会抗拒它。进行印记重塑的目的就是让我们转变自己的观点，获得合适的资源。

罗伯特：当你向医生进行咨询的时候是什么样的情形？为什么你知道自己可以那样做？什么样的信念让你可以那样做？

玛丽：我可以。我相信，在那个情境下，我有足够的自信和表达能力提出自己想要了解的问题。并且，我充分觉察到自己需要提出这些问题。

罗伯特：好的。让我们把那一套资源给那个过去的你，回到那个和母亲共处的情境中。（保持资源锚）那个过去的你会做什么不一样的事？

玛丽：嗯，首先她不再歇斯底里地尖叫和哭泣。她会进行交谈。

罗伯特：我猜，我们也给你母亲带来了完全不同的影响。（注意代词"我们"）

玛丽：我还能感觉到整个身体放松了。我是说使用开塞露这件事给我带来的影响全然不同了，因为我的身体不再那么紧绷。

罗伯特：现在，我想请你回到和你母亲共处的那个场景，进入她的角色，透过她的眼睛观察世界。把了解何时需要教导他人的资源给她。（触动了先前建立的资源锚）看看自己看到了什么，听听自己说了什么。

玛丽：这种体验太不一样了。

罗伯特：（继续触动资源锚）现在，从小女孩的角度来看看这个情景。玛丽，你说那次经历让你产生了一种信念，那就是你妈妈不理解你，也不相信你。你现在的信念是什么？

玛丽：嗯，当我重温那段经历时，我告诉了她一件事，那就是我很害怕。我告诉她，她并不太了解害怕的滋味，建议我们谈一谈这件事。似乎，我们俩都有了全新的收获。

罗伯特：那么，你怎么把它变成对信念的陈述呢？

玛丽：如果我们都了解到对彼此来说什么是重要的，那么我们双方都会成为赢家。现在我就有这种感觉。

罗伯特：你还有一件事要做。让你的眼睛向下看着这里。（指向她的右下方，说明他想让她读取身体感觉表征。）我要你对看向那里时感觉到的所有信念进行重复。例如"你很聪明""你们双方都可以成为赢家""你很能干，也很重要"……（保持所有的资源锚。）

玛丽：这些是我在很多其他情境下已经拥有的信念。这样做并不困难。

罗伯特：好的。让我们回到此时此地。你还提到，有一次你丈夫说无论你减了多少磅，也还是梨形身材。现在听到这句话，你感觉怎么样？我不了解他的意图。你觉得他的意图是什么？

玛丽：教导他会更加困难。（笑声）

罗伯特：维吉尼亚·萨提亚（Virginia Satir）说过，人们改变起来很慢，但他们是可以被教化的。当你提到你丈夫这么说的时候，你心里显然有些感慨。那些感觉是什么？

玛丽：好像是"我已经看到了胜利的曙光，他却说出这样的话"。于是，我再次迷失了方向。我感觉自己很失败。

罗伯特：双重束缚。"即使我获胜了，也还是会让我在意的那些人失望。"你认为他的意图是什么？我曾经听到一位男士对正在减肥的妻子说："不管你长什么样，我都会爱你，但我很高兴你正在减肥。"哪一种说法才是真话？这听起来有点自相矛盾，对吗？其实，无论她外表如何，他都会一直爱着她，但他很乐意看到她努力让自己变得更加美丽，并且善待自己。

当你丈夫说"无论你减去多少磅，也还是梨形身材"的时候，你认为他的意图是什么？

玛丽：他的意图是控制我，因此他成了我的前夫。

罗伯特：他害怕你减肥之后变得好看？

玛丽：是的。

罗伯特："哦，她会变得过于独立的。"他会这么想。

（对各位学员）在体重问题的工作中，我经常听到类似的事情。一位女士说："如果我进行锻炼、合理饮食，变得自信满满，那么我就会失去我在意的那些人。"回顾她的上一段婚姻时，我们发现，她和丈夫结婚时对他言听计从。当这位女士开始成长、不再依附于他时，她的丈夫无法接受这样的变化，于是他们的婚姻渐渐陷入了困境。她越自信，丈夫对她而言就变得越陌生。她开始通过结交新朋友和接触新事物来摆脱这种关系，最终他们的婚姻破裂了。直到婚姻破裂后，她才意识到问题所在。她确实相信，如果她善待自己，就会毁掉她最重要的婚姻关系。

玛丽：我想，当我选择他做我的丈夫时，我觉得自己在一定程度上需要别人的控制。那些问题，现在已经解决了。

罗伯特：我们还需要对有关你的体重和梨形身材的听觉记忆表述进行处理。你记得你丈夫说过这些话，你产生了强烈的负面感觉。这种信念与你的外表无关，而是因为那段关系。

（罗伯特将声调转换为最后一个资源锚所使用的柔和音调，并触碰之前在对开塞露事件进行印记重塑时设置心锚的位置。）我们可以对此进行印记重塑，但我们先不这么做，让我们再听一下那个声音，并产生不同的体验。（玛丽再次在内心听到那句话，同时保持着充满信心的身体状态。）

（对各位学员）我想回顾一下，到目前为止我们做了哪些工作。我们一开始对玛丽的准则进行了"制衡"，但是我们看到了一个印记——在继续工作之前，我们需要对强烈的感觉进行印记重塑。通过对准则进行制衡，我们可以识别印记，并找到工作的着力点。我们已经完成了印记重塑，现在我想围绕玛丽之前所说的准则问她一些问题。

罗伯特：玛丽，你是否相信自己可以步履轻盈、形象优雅、感觉自信，在自我感觉与外在形象之间以一种自然的、保留真实自我的方式取得平衡？你可以拥有多样化的选择，合理饮食，并且学会用合适的方法做到这些，对吗？

玛丽：(非常一致地)是的！

罗伯特：现在我们要让取得平衡、形象优雅、感觉自信、保持自我和拥有多样性的目标与有关学习准则的结构相匹配。我们会在次感元和身体状态的层面上完成这件事。你确实知道自己什么时候需要学习，因为你感觉到非常兴奋，也变得轻盈起来。你的话语中也可以看到一些特别的品质。我想要你思考一下，自己想要成为什么样的人。学习需要一定的时间，与其进行节食，不如学会成为自己想成为的那个人。

减掉30磅之后，我就不想继续节食了。我想让自己成为现在的样子。我当时想："我现在放弃节食了，为什么还要继续节食呢？"我之所以能减轻体重，是因为我在很多方面都已经脱胎换骨。

我记得有位女士说："我戒过很多次烟了，但是一直都不太成功，直到我决心成为不吸烟者。"也就是说，直到她认为自己是个不吸烟者。

最后，让我们回顾一下我们迄今为止所取得的进展。玛丽，你希望自己的形象与职业身份一致。但是在进行印记重塑之前，你作为成功治疗师的视觉画面与你对自身的感觉并不一致。并且，你似乎很在意别人会通过外表而不是"感觉"来了解真正的你。在这一点上，你丈夫说"无论你减轻多少体重，也还是梨形身材"。这是一个耐人寻味的悖论。一方面，他不能感知到"真正的你"，那个你认为非常职业的你。另一方面，或许他碰触那个让你感同身受的"真正的你"，这是你母亲在早年的印记经历中强加给你的。

我觉得耐人寻味，是因为你说母亲身体的形象比你对理想自我建构的任何形象都更为清晰。这似乎表明，你那个职业自我的形象实际上更多的是一种理想化，而不是"真正"的你。这就造成了视觉—身体感觉分裂（V-K split），"梨形身材"的视觉形象在上方，而身体感觉在下方。

现在，我们已经通过印记重塑对源于过往经历的限制性信念进行了清理，你现在可以自由自在地"学习、学习、学习、学习、学习"，变得更加苗条和平衡。有几次，当你提到学习资源时，你说了五遍"学习"。在我看来，五这个数字似乎很重要，我想把它放到后面的探索中去。

首先，我们每个人都有五种感官，在我看来，要变得苗条，每种感官都有需要学习的地方。其次，我们需要在五个层次上进行学习：环境、行为、能力、信念和身份。你的五种感官构成了学习的水平维度，而五个层次构成了垂直维度。因此要进行学习，你需要找出在你的环境、行为、能力、信念和身份中看到、听到、感觉到、闻到和尝到的，会帮助你变得更加轻松和平衡的东西。这应该会给你带来很大的多样性。

玛丽：嗯。听起来是个有趣的办法。

罗伯特：没错。并且你完全可以只专注于那些给你带来更多选择的部分，就像前几天的任务一样。

现在，我想要你花一点时间，把自己调整到一个舒适的姿势。进入你的内心深处，在那里找到一个你可以尽情学习的地方。（停顿）就是那样。充分感受一下，拥有一致而和谐的身份会是怎样。感受并聆听那个你所了解的真实的自己，那个自信又专业的自己。想象一下，当你展现出这些品质时，你的外表是怎样的。看一下你的外形、你的动作，那个形象并不是你理想中的，它很自然，很平常，符合你现在的模样。深深地呼吸，吸入那个内心的形象，让它成为你的一部分。留意它在你的鼻尖留下的气味、在你的嘴边留下的味道，让那气味和味道成为你的向导，告诉你将来应该摄入哪些食物。

现在，审视一下你需要哪些信念来支持这个一致而平衡的自己。当你的各个部分都学会了什么对它们来说是重要的，那么你们就都成为赢家。你可以感知到自己什么时候需要学习，并提出问题来获取必要的信息。这样，你就可以在很多方面（不仅仅在饮食方面）拥有自己热爱的多样性。让自己的思绪轻轻掠过生命中的种种经历，从中找到那些你曾经这样做的时刻。感受那些感受，它们让你知道自己需要获得更多信息，推动你寻求必要的信息。倾听那个自信的语调，你知道你了解自己真正的需要，并且能够满足这些需要。在脑海中一次又一次地反复观看这些情境，在所有的情境中，你都能够满足自己的需要……每一个情境又有着独特之处。让你的双眼享受这个盛宴吧，在所有的情境下，你都能够追随自身需要的气息，恰到好处地获取信息。

审视一下，你需要哪些能力来支持这个身份和那些信念：能够通过所有感官来学习，能够用你的眼睛和耳朵接收周围的一切，并且满怀好奇和激情；能够找到自己拥有的所有选择来扩展和丰富世界蓝图，这样你就拥有更大的空间，可以轻松自如地行动；能够以一种适应环境的和谐方式，模仿那些能够成功平衡个人身份和职业身份的人；能够在做事时浑然忘我，完全跟随自己的直觉。是的……你的潜意识知道一切。能够为满足自己的需要而进行交谈和提问。放松、机智、理性……这一切都近在咫尺……

150

你的目标如此接近，似乎就在你的舌尖，你几乎可以品尝到它的滋味。

了解一下，当真实的你变得越来越清晰时，你会做些什么。通过视觉、听觉、感觉、气味和味觉来感受学习新事物的各种方法：锻炼，烹饪，与人交往，运动，喝健康的饮品，摄入适宜的、符合整体平衡的食物。有这么多新奇美妙的东西要去学习。

探索一下你所处的环境。会有什么新鲜的东西吗？你会保留哪几类食物？你会注意到哪几种气味和味道？你周围可以看到、听到和感受到一些什么样的提示？或许，如果你食用更多的梨（pears），就能够抛却（pare away）那些不再适合你的东西，而你的"梨形身材"（pear shape）就会变成能够吸引意中人的"伴侣身材"（pair shape）⑬。为你的每种感官找到心锚。想要激发和支持新的行为、能力、信仰和身份，你需要怎样让周围环境的色彩、音乐和活动变得更加多样化呢？

没错。继续让自己学习、学习、学习、学习、学习。在各个层次、通过所有的感官找到那些你需要的信息。也许，当你让自己充分感受周围的景象、声音和气味……你的身体、你嘴里的味道……在这个时候，你就可以获得那个崭新的、全然处在当下的自己，并且真正享受做你自己的感觉。

玛丽：谢谢。

◎ 总结

1. 识别来访者想要做但是无法做到的事情，比如坚持锻炼。

2. 找出来访者上述行为背后的准则，例如想要进行锻炼是为了"身体

---

⑬ pear、pare 和 pair 的读音相同。

健康"和"形象优雅"。

3. 找出阻止来访者做出改变的准则。注意：这些准则会是更高层次的，因为它们凌驾于对来访者起推动作用的准则之上，例如某人不能坚持锻炼是因为"没有时间"和"疼痛"。

4. 找到一个更高层次的准则，它高于步骤3中的限制性准则。例如，我们可以问："有没有什么事比坚持锻炼更重要，你总能为它腾出时间，并且即使疼痛，你也会去做呢？它如此重要，是因为它符合什么样的价值观呢？"比如对于家庭的责任。

5. 完成以上步骤之后，我们就可以使用下列方法之一：

制衡。将最高层次的准则应用于期望行为，以超越限制性的阻碍。比如我们可以说："既然你的行为是家人学习的榜样，为什么你不能抽出时间来保持健康和最好的形象呢？这样更能表现出你强烈的责任感。"

跟随限制性准则。找到一个达成目标行为的方法，既能与三个层次的准则相匹配，又不违背限制性准则。例如："有没有哪种连续性的锻炼项目，既不花时间，也不会很痛苦，并且可以让你的家人也参与进来呢？"

利用策略/次感元。调整目标行为准则的策略/次感元特征，使之与最高层次准则的策略/次感元特征相匹配。

第 / 七 / 章

更多关于 NLP
与健康的讨论

◎ 视觉化技术 ————————————————————

视觉化技术与整体平衡

我们已经开发了一些程序来增强患者对于自己能够康复的信念，提高治疗效果。在这些程序中，视觉化通常是一种主要的技术。在本书中，我们已经谈及一些整体平衡的观点，因此，关于使用某些视觉化技术进行健康方面的工作，我想给予一点小小的提醒。

让我解释一下原因。当一个人所承受的压力或罹患的疾病是由于某种内部冲突所致，或者因此而加剧时，某些视觉化步骤会让冲突变得更加激烈[1]。来访者内心冲突的隐喻是将白细胞视为"好人"，将癌细胞视为"坏人"。这实际上可能会夸大冲突。不幸的是，我们对免疫系统的理解基本都是建立在战争的隐喻之上的。

当我母亲罹患癌症时，她用一种更为平衡的方式来运用视觉化。她把白细胞想象成绵羊，它们正在田野里吃草，清除长得过高的杂草（癌细胞）。她的肿瘤代表过度生长的野草，这些野草需要被回收，以使整体环境保持和谐。癌细胞并非外来入侵者，而是我们身体的一部分，与我们的健康细胞有很多共通之处，只是它的程序恰好出现了问题。甚至有实验表明，有时癌细胞在培养皿中会恢复为正常细胞。所以，当我们和来访者一起进行健康方面的视觉化工作时，不要提及"好/坏"，否则我们可能会陷入已经存在的冲突。我们要让健康的细胞和癌细胞互相合作，和平共处。

让视觉化有效

蒂姆和苏茜已经对视觉化进行了长达12年的研究。在将 NLP 过滤器（NLP filter）运用到视觉化技术之前，他们想要知道为什么有些人擅长通过视觉化迅速改变行为和身体状态，而其他人在视觉化之后很长时间都无法产生改变。在一场有关应激的工作坊上，他们教授了视觉化技术。有一位学员患有慢性鼻窦炎，他说这个病症已经陪伴他多年，成为他生命的一部分。后来，那位学员报告说，在使用了蒂姆和苏茜传授的技术之后，他的鼻窦炎症状忽然消失了，这让他感觉非常开心。他练习视觉化技术才几天时间，就产生了这样的效果。从之前的一些工作对象那里，他们也收到了类似的报告。然而，还有一些人会告诉他们，自己的症状或问题没有发生任何改变。

当时，蒂姆和苏茜正在教授"标准的"视觉化步骤，他们所采用的方法是从书本中学到的[2]。这些书上所概括的视觉化步骤基本上是类似的，他们最终总结为以下步骤：

1. 了解自己的目标。如果内心对目标存在反对意见，使用肯定技术或者其他技术进行处理。

2. 进入放松、接纳的心理状态。

3. 尽可能丰富地对自己的目标进行视觉化。

4. 期待并相信自己会达到这个目标。

5. 告诉自己"这是你应得的"。

蒂姆和苏茜把 NLP 过滤器应用于因为视觉化而改变的人群，并将他们与未能发生改变的来访者进行对比，发现了两个群体之间的一些重要差异。首先，成功者所得到的结果与他们的愿望是一致的，并且符合班德勒和格林德所描述的取得理想结果的完善条件（well-formed conditions）[3]。其次，与那些失败者相比，成功者通常使用更多不同的次感元。

无法让视觉化有效的来访者在想象自己做着期待的事或者取得成果时，往往是从旁观者的角度看着自己，有时候甚至是一张小小的、有边框的静止图片，缺乏令人信服的力量。相反，成功者能够获得对于自己如何达成结果的完全身临其境的体验。这说明他们可以通过自己的双眼看到自己想要的，并且还聆听、触摸、移动、闻嗅和品尝自己将会取得的成果，就好像是发生在当下的体验。这会让来访者对视觉化产生积极的感受，让他们更多地实践这个技术。

反应预期，即相信某种件行为会导致某件事发生也很重要。成功者按照预期的视觉、听觉和身体感觉次感元来体验自己的成果。想要创建自己的预期次感元，你可以花点时间想想你一直在做的事情，比如晚上睡觉。检查一下你对这件事的看法。你看到了什么内部画面？你对自己说了什么，或者你听到其他声音了吗？涉及哪些身体感觉——运动或者触碰的感觉？

失败者通常以希望甚至怀疑的次感元来对内部体验进行编码。如果想要对自己的希望次感元进行检验，你可以想一件希望会发生的事。你希望它发生，但不确定它是否会发生——例如职位晋升、配偶记得你们的结婚纪念日。检查你的内部画面、声音和身体感觉。最常见的次感元包括模糊的图片、抽离的电影、"质疑"的音调或多重表征（达成和未达成结果的画面来回闪现或者同时出现）。

在使用视觉化技术来处理健康问题或者达成其他期待结果时，如果能够拥有自己已经达成结果的完全身临其境的体验，再加上预期次感元，成功的概率就会大大增加。以下是对我们认为有效的视觉化步骤的完整描述。

行为改变方案

1.确定自己真正的目标。这必须是在我们控制范围内、确实想要得到的目标。另外还要确定自己如何了解到期待的结果已经达成。作为支持证据，你会看到什么、听到什么、感觉到什么？

·达成结果的积极和消极后果是什么？对你期待的结果进行修正，以避免内部或外部的消极后果。

·处理对达成结果所持有的反对意见。写下你为什么不想获得这样的结果，允许自己充分体验可能会有的消极感受，创造肯定句（积极的自我陈述）来扫除可能会面对的各种障碍。

2.回到放松、接纳的心理状态。

3.想一件你完完全全、毫无保留地预期会发生的事情。进入自己的内心，注意与发生这件事的预期有关的内部画面的品质（次感元，即画面的颜色、位置、亮度、清晰度、数量）、声音（音调、音量、音高），以及期待某事会发生的感觉（触觉、运动觉）。把这些次感元写下来，方便进行追踪。

4.充分想象一下，你看到自己达成了期待的结果，就像在看一部自己的电影。

·如果你不喜欢电影的内容，就进行修改，直到满意为止。

·如果它看起来不错，你对此没有意见，那么就进入你的电影，想象你正在体验达成的结果，使用预期的次感元。

5. 顺其自然——告诉自己"这是你应得的"。

◎ 隐喻性陈述

器官语言与习语

当与来访者进行健康问题的工作时，我们需要特别注意到的是器官语言（organ language），即人们对身体各个部位的隐喻性陈述。与特定生理问题相关的隐喻性指代并不少见。潜意识似乎常常会对语言做字面上的诠释，并且会强化人们在言语中所"暗示"的症状。例如，一个积极参与沟通分析的人患上了中风（stroke），他们经常谈论"给予抚慰"（giving strokes）。（这是沟通分析理论的一个核心观点）

要在工作中利用这一点，我们可以思考一下与来访者所呈现的问题相关联的器官语言，并在接下来的陈述中使用器官语言。观察他的身体状态的变化，这样我们才能知道自己是否正在接近核心问题。他的潜意识会回应我们。下面列举了一些可以进行探索的内容，请记住，这些只是代表性的例子。

皮肤问题

·你是否做出了一个轻率的（rash，也指皮疹）决定？你是不是渴望（itch，也指发痒）继续做某件事？

·有什么事情让你烦躁不已（get under your skin，skin 指皮肤）吗？

・你是否感觉自己必须白手起家（scratch for a living，scratch 有抓挠之意）？

溃疡 / 胃部问题

・有什么东西在啃噬着你吗？

・有什么人或东西让你恶心吗？

・有什么东西是你无法接纳的吗？

・你正在做的事需要很大的勇气（guts，也指胃）吗？

头痛 / 颈部问题

・有某人或某事让你觉得讨厌（a pain in the neck，neck 指颈部）吗？

・你一直在迎头撞上同样的问题吗？

・你肩上扛着全世界的重担吗？

・你有时会感觉自己的脑子不开窍吗？

体重问题

・你在等待（wait，与体重 weight 谐音）什么吗？

・你内心的某些部分想要浪费（waste 与缩小腰围 waist 谐音）吗？

・你面临着一些沉重的问题吗？

视力问题

・是否有一些问题是你不愿意正视的？

・你是否不想看到某些事发生？

・你是否对某人的行为视而不见？

· 你是否觉得一切都模糊不清？

便秘问题

· 你是否总是退缩不前（hold back，也指抑制）？

· 你是否喜欢对事情紧抓不放？

· 你是否对自己的问题紧抓不放？

· 对你来说，事情是否总是没有那么顺畅？

心脏问题

· 有没有什么事或者什么人让你伤透了心？

· 你是否一次又一次地心痛？

· 有什么事让你伤心失望吗？

· 你发现自己做事总是漫不经心吗？

· 你想对某件事回心转意吗？

痔疮问题

· 有什么事或什么人让你如坐针毡吗？

我用隐喻和器官语言来帮助自己进行诊断。举个例子，几年前，我有一位男性来访者，他的症状很奇特。他的血液凝固了，全身的流动速度也有减缓。他说自己的血液"无法流通"（out of circulation），这种情况已经持续几年了。我回应："好吧，血浓于水。"此时，他突然意识到，自从两年前，他得知女儿死于脑瘤的消息，这种症状就开始了。他始终无法释怀那段痛苦的经历，让自己"深居简出"（out of circulation）。

我并不认为隐喻必定会导致疾病；反而言之，疾病可能会反映在隐喻之中。无论如何，在我们和来访者一起工作时，隐喻都能提供非常重要的信息。

隐喻作为改变的语境

我曾经帮助过一位从小就患有白血病的30多岁的女性。从隐喻的角度，你可以把白血病想象成白细胞拒绝成长——它们不想成熟，这意味着个体还会像孩子那样受到保护。它们不知道应该做什么，所以一直不断地繁殖，这就导致各种各样的问题。当医生发现她还患上了结肠癌时，情况变得更加复杂。治疗结肠癌会使白血病恶化，而反之亦然，所以她确实陷入了双重束缚之中。

我们回到过去，围绕她"想要什么"进行了一些工作。我特地让她检验一下，自己是否真的想要康复。结果我们发现，由于一些和母亲有关的印记事件，她曾经发誓"自己永远都不要长大"。在进行了印记重塑和重构之后，我们继续探讨，如果她的免疫系统做出恰当回应的话，她会看到什么。

在那次工作之后，一件有趣的事情发生了。她去一家大学医院接受一些专项检验。在最初的血液检验中，她的白细胞计数约为53000单位/mm^3（正常情况下是6000～10000单位/mm^3）。进行检验的工作人员对此非常重视。她说："等一下。我只是因为路途奔波，精神有点紧张。给我一点时间，我可以改变这个结果。"医生们有些不以为然，而她继续进行视觉化。

大约20分钟后，她让他们再做一次血液检验，这次降到12000单

位 /mm³。他们以为检验出了错，请她再次接受检验。她同意了，并且停止了视觉化。20分钟后，当他们再次进行检验时数值又回到了53000单位 /mm³，他们以为第二次检验出错了。她再次进行视觉化，20分钟后计数降为12000单位 /mm³。他们重复进行了五次检验，最后得出结论：这一定是安慰剂效应。但我的来访者意识到，她是靠自己做到了这一切。整个过程确定无疑地证明，她的方法奏效了。

检验之后，她的外科医生想安排她做手术，摘除一部分结肠。她推迟了手术，进行了更多的个人工作。她现在知道自己"想要"什么，并证明了自己了解"方法"，下一步就是获得"机会"。在与负责健康的潜意识部分工作时，她询问自己需要多长时间才能痊愈。潜意识对此似乎非常肯定——大约16天。

当她告诉她的医生想要推迟手术时，他很不高兴，但还是同意了推迟手术，这让她获得了对此进行工作的机会。但医生要求她定期进行检查。在第10天的检查中，他并没有看到病情有好的转机，感到非常担心，因为他觉得推迟手术会让她置身险境。她同意在第17天接受手术，但前提是她希望在第16天再次进行检查，确定手术仍然是必要的。在第16天检查的时候，肿瘤居然已经消失得无影无踪了。医生非常惊讶，说她的癌症已经得到缓解，但随时可能复发。缓解其实是个有意思的说辞。我可以说自己的感冒已经缓解5年时间了，导致感冒的各种因素仍然存在，但是我的免疫系统会阻止它们失控。

不久前，我收到了这位女士的来信。她收养了一个孩子，这说明她现在仍然很健康，而且决心让自己长寿。她说，她最近接受了长达6个多小时的检查。医生发现她不仅不再有任何癌症和白血病的症状，而且也找不到她患有这两种疾病的任何迹象。她说想感谢我帮助她建立了两个重要的信念——我认为这两个信念是本书的关键所在。

首先，帮助她建立了"疾病是一个信号"的信念。当我们对这样的信号做出回应时，症状就会自行消失。当我们继续与自己和自己的身体保持沟通时，就可以保持健康的状态。

第二个信念是，信号往往不止一个，导致疾病的原因往往也是多方面的。如果我们只处理其中一个信号，可能会无法掌控全局。如果我们不断对所有的信号做出回应，就可以逐渐康复。我跟她分享过一个鸟妈妈和一窝雏鸟的隐喻。雏鸟们全都嗷嗷待哺，如果鸟妈妈只给其中一只雏鸟喂食，其他的雏鸟仍然会叫个不停，事情似乎并没有得到解决。不仅如此，在鸟妈妈喂养其他雏鸟的时候，刚刚喂过的那只也会叫嚷起来。但如果我们保持一种平衡的方式，与所有这些不同的部分（所有的雏鸟）进行沟通，慢慢地就可以喂饱它们。它们都会长大，并自由飞翔。

这是一个重要的隐喻，告诉我们白血病细胞到底是怎么了。它们不想长大，仍然哭喊着需要喂养。这既是一种有效的视觉化，也是一种隐喻。

◎ 答疑

乔治：关于使用您所开发的 NLP 模型进行的信念工作，是否存在成功率的统计数据？我知道你一直在和医生合作——有进行后续追踪吗？

罗伯特：我无法给你提供具体的统计数字。评估的困难之一在于我们所做的工作仅仅是影响整体健康中的一个要素，许多其他要素也会影响健康。

在针对来访者的信念工作之后，我们会看到许多不同的回应和结果。有些情况下，改变限制性信念是压垮骆驼的最后一根稻草、最后一块拼图，或者来访者获得康复所必须做出的改变的最后一步。

我收到过一些人的报告，他们仅仅是在工作坊上观看了一场演示就获得了惊人的康复效果。一位参加工作坊的女性患有卵巢囊肿，她没有告诉任何人（包括我）。但培训结束回到家的时候，她的囊肿居然消失了。还有一次在我对体重问题进行演示的时候，摄影师改变了对自我的一些信念，在工作坊之后减轻了30磅。在同一个工作坊，另一位摄影师想要提高视力，但是我无法直接和他工作。然而在工作坊结束三周后，他的视力提高了60%，一年之后，他完全不再需要佩戴眼镜了。我们可以看到很多例子，即使没有作为直接的工作对象，仅仅是旁观者，也可能发生重大改变。这就是信念的一大优点——极富感染力。

我给你举几个例子，看看进行过信念工作的来访者会取得什么样的成果。预期的效果取决于来访者问题的类型和严重程度。几个月前，我在一个工作坊上和一位癌症晚期患者一起工作，据我所知，他当时的健康状况一直起起伏伏，现在也不太乐观。另外，我遇到过一些有严重问题的人，比如多发性硬化症，通常在完成一次工作后，他们的病情会有一定程度的改善，然后又会出现高原期。

不久前，我和一位患有严重关节炎的女士做了一次工作坊演示。大概一年后，我回到那里举办另一场工作坊，培训赞助商想让她回来分享自己身上所发生的种种转变。可是他们无法敲定她的时间，因为那个周末，她已经制订了风帆冲浪和骑马的计划——这恰恰很好地说明她发生了怎样积极的改变！

我收到了很多有体重问题的来访者的反馈，他们说自己产生了积极而持久的变化。一般来说，要让自己调整到合适的体重，他们需要改变信念。

我还和几位红斑狼疮患者工作过，他们的免疫系统会自我攻击。第一位女士是最近被诊断的，她的症状并没有怎么恶化。工作结束后，她的身体恢复了正常。一年半后，我听到了她的消息，她仍然很健康。另一位患红斑狼疮的女士摘除了双肾，正在接受治疗。她反馈说自己的态度产生了积极的改变，和家人的关系也改善了，她一切都很好。呃，当然，她的肾没有办法再长回来了。

蒂姆在初次学习信念模型之后，对一位女士进行了围绕自尊和关系议题的治疗。这位女士被诊断为艾滋病抗体阳性，这是她的前夫传染给她的。治疗结束后大约三个月，她回到医院，发现检测结果呈阴性，直到现在，结果仍然是阴性。

我有很多类似的例子来说明，我的学员们在使用这些技术时达到了理想的效果。一位被诊断为甲状腺恶性肿瘤的女士找到了蒂姆和苏茜。她深信 NLP 可以改变肿瘤，因此她把手术推迟了一个月，尽管医生敦促她立即进行手术。经过两个疗程针对信念的工作，肿瘤似乎变小了，但她仍然决定继续手术。手术后进行活检时，医生发现肿瘤已经转为良性。

至于这本书中描述的几场演示：在写作本书时，朱迪和玛丽的体重都减轻了。蒂姆和苏茜最近见到玛丽，说她绝对不再是梨形身材了！比尔的免疫系统完全恢复到正常状态，大约半年后，他的艾滋病检测结果从阳性变为阴性，这让他的医生们非常惊讶，并且这个结果已经保持了两年。对迪伊进行冲突整合之后，在迪伊的要求下，两只猫被带进了工作坊现场。她抱着它们玩，丝毫没有过敏反应的迹象。

你们要知道，对人类这样的复杂系统的任何一项干预，成功率都很难达到百分之百。我们只能尽力提高解决健康问题的成功率。在座的各位在使用这个模型进行工作时，在哪些方面获得过成功呢？

凯特：这个模型给我的工作带来了很大的帮助，我与来访者的工作取得了惊人的成果，但并非每个来访者都会有理想的效果。因此我来到了这里，想要更多地了解如何与不同类型的人工作。大约一个月前，我和妈妈一起工作，她有免疫系统问题，因此影响了腿部肌肉功能。到了上周，她的腿已经有了很大的进步，可以重新开车了（她已经超过一年没开车了）。

肯：在半年之前，我参加了一个工作坊，在那里我第一次了解到这个模型，之后我一直在与一位女士工作。这位女士确实改变了，她从8岁失去母亲起就长期抑郁。在我对她使用信念改变模型技术之前，她一直都闷闷不乐。实际上，我可以给你举几十个例子，说明这个模型会达到怎样戏剧性的效果。

乔治：癌症对不同的人有着不同的含义——对此，你可以再多做一些讲解吗？

罗伯特：我想把我母亲作为一个例子。当她的乳腺癌复发时，我们不得不针对关于"癌症意味着什么"的一些流行信念和医学信念做很多工作。例如，有些人相信癌症会导致死亡。然而，导致死亡的不是癌症，而是免疫系统的崩溃，所以是身体对癌症的反应导致了死亡。我们通常不会直接因为癌症而死亡，而是因为你的免疫系统或身体的其他部分变得脆弱，以至于感染乘虚而入，或者系统无法继续工作。

有些人认为，癌症是外来入侵者，必须做一些特别的事情来清除它。其实，癌症不是外来入侵者，这些细胞是你的一部分。我们需要改变自己来走向康复——而不是清除掉某些东西。

另外一种信念认为，很多人都在某个时候患过癌症，重要的是我们的免疫系统是否有能力控制它，有很多病例会自行缓解。他们之所以称为"自行缓解"，是因为他们不知道如何解释这种转变。

有时，医学信念会与康复的心理学方法发生冲突。以我母亲的问题为例，最初她遭遇过一些医生的反对。当她将我们针对她的内部冲突所做的工作告知医生时，他告诉她那是一派胡言，只会把她弄疯。当我试图解释我们方法背后的一些研究和理念时，他看着我说："你不能拿你的母亲来做实验！"但与此同时，他并没有提出替代性的解决方案。

所以，也会存在类似的问题。医生对病人有着强大的影响力，可以轻而易举地影响病人的信念，而身患重症的患者处于非常脆弱的境地。母亲和我认识到，医生们都是出于善意，他们不希望我们做出傻事，或者抱有不切实际的希望。我们并没有把医生们拒之千里，而是看到了他们话语背后的意图，并据此做出自己的回应。由于我们在1982年共同开展的工作，我的母亲康复了。当初给我们泼冷水的那些医生，现在把她称为明星病人，目前她的身体状况仍然很好，她还拍摄了一个广告。

当我们开展针对癌症的治疗时，很可能会遇到各种各样的阻力。在第一次和来访者工作时，我们有时无法预测到妨碍改变发生的阻力会是什么。人们可能在某些领域取得了巨大的进步，但由于他们在内部整体平衡系统、家庭系统、工作系统和其他方面遭受了阻力，所以在其他领域就很难进行改变。

安琪拉：你认为对待疾病的态度才是带来改变的真正关键所在吗？

罗伯特：并不仅仅是态度或信念的改变。信念是改变过程中一个非常重要的层次。我们需要在生活方式、营养、人际关系等各个方面把需要做的事情坚持到底，而积极的态度会促成这些改变。

积极的态度会随着时间推移发生变化。即使是做过了大量个人工作并发生巨大改变的来访者，有时也会心怀疑虑。这是人之常情，在这些自我怀疑的时刻，她需的是支持。如果重要他人给予的是阻力，而不是支持，这会让来访者止步不前。

积极的态度并不总是处于恒定状态。如果我们刚好有起床气，或者跟另一半大吵了一架，或者在工作上碰到一些问题，这些都会助长我们的怀疑。另一方面，如果一个人做出了重大的信念改变，打开自己，去迎接新的关系或者改善旧的关系，这些都会强化他的积极态度。他会建立起一个自我强化的循环，这会让他持续地获得积极的强化。

我想要强调的是，克服某个重大疾病不仅仅需要积极的态度。如果有人说"我已经改变了自己的信念，我知道自己可以康复"，但却并未改变自己的饮食、锻炼习惯、与家庭和工作的关系，那么我就很难相信他已经改变了自己的信念，也无法相信他可以康复。当一个人真正改变了信念的时候，他生命中的很多东西都会发生彻底的改变。

我想在此做出另一项重要的说明。信念改变并不一定是一个漫长、艰巨而痛苦的过程。我第一次和母亲工作的时候花费了4天时间，这并不意味着每个人都需要4天，或者我们就应该期待事情就是如此。每个人的需求都是不同的，所以情况因人而异。

存在重大健康问题的来访者确实需要一个支持系统，并且也需要积极的强化。这两个因素将大大增强他持续改变的能力。

弗雷德：您是如何把医学治疗纳入这个模型中的？

罗伯特：针对信念的工作并不是独立于医学治疗的，它也并不与医学治疗相对立。在针对信念的工作中，我们可以与传统的方法互相配合，并且来访者通常仍然需要接受医学治疗。很少会有医生认为，有关健康的积极信念将给身体带来伤害，尽管有些医生可能会担心病人抱有"不切实际的希望"。我想举个例子来说明我是如何与医生和来访者进行配合的。

四五年前，我和一位30多岁的女性直肠癌患者一起工作。疾病带给她许多长期的影响。主治医生建议她接受结肠造口术，这意味着她的直肠口将被关闭。我告诉她，最好征询一下其他医生的意见。

她征询了另外两位医生的意见。第二位医生说："结肠造口术！你不需要做这个。化疗对你来说是合适的治疗方法。"第三位则告诉她，由于她肿瘤的性质，进行结肠造口术是错误的，她需要接受放射疗法。当她再次来找我时，她变得更加困惑了，因为她得到的回答如此截然不同。我建议她相信自己的选择，那对她来说是最好的选择。我帮助她找到了她真正相信的那个选择。她最终选择了放射疗法，尽管她确实有些担心放射会对身体里的其他器官产生副作用。

我们一起做了一些针对信念的工作，她很快就康复了。让她的医生印象深刻的是，治疗没有给她带来任何副作用。她的月经没有暂停，食欲正常，没有陷入抑郁，腹部也没有产生疤痕。医生们想让她为其他病人写一本小册子，说明她是如何避免副作用的。顺便说一句，她现在已经彻底康复了。

汤姆：您能更全面地谈一下人们需要建立的积极强化循环吗？

罗伯特：一个人是否能够从危及生命的疾病中康复，取决于他是否有活下去的目标、理由或者意义。这不仅仅是他与自己的关系或他对自己健康目标的意象。活下去的意愿不仅仅是建立在对肿瘤消失有一个清晰图像的基础上，它更多地与肿瘤消失的意义有关。如果你的肿瘤消失了，你会成为谁呢？拥有了健康，你可以做什么呢？我发现用这样的提问来帮助来访者定义他的使命是非常有帮助的。如果没有活下去的理由，何必费心让自己痊愈呢？

迈克尔：我以前在医院工作。很多和我一起工作的病人都会一致地说："我的生命结束了，我已经完成了在这里的任务，是时候去下一站了。"我担心，他们说这句话是由于他们所持有信念的作用，他们无法看到或考虑自己的未来。您怎么认为？

罗伯特：迈克尔的意思是生命并不会永恒，所以，我们如何知道在某个时刻，一个人是否在一致地说"我已经实现了我要实现的目标，现在我的时代结束了"？当然，在处理死亡和临终的问题时，有时候我们需要对个体走向死亡的意愿保持尊重。也有可能，他认为自己的生命终结了只是由于信念体系或者身份的局限性。那个身份已经结束了，但这并不一定意味着他所有的生命议题也结束了。事实上，我发现用 remission（既可解释为"缓解"，也可理解为"再次获得使命"）这个词来形容从危及生命的疾病中康复是非常恰当的。在他建立了新的使命之后，疾病就得到了缓解。

我们不能为别人是否应该继续活下去做出决定。用 NLP 针对信念进行工作，会让我们和来访者达到一个不同的层次，我们可以说："我不知道对你来说，活着还是死去是最好的选择，但是我将会帮助你对自己想要的东西变得一致。"我们要确定，他对于是否活着并没有太多的内部冲突，努力帮助他处理过去遗留下来的、仍然给他造成困扰的情境或者印记。要做出一个关乎生死的决定，他必须对自己和周围的世界非常清晰、开放和协调。当他真正保持一致时，他可以做出自己的决定。

安妮：针对有关健康的信念工作，与针对其他非健康相关信念的工作有何不同？

罗伯特：识别信念的方法和使用的工具是相同的。似乎人际关系问题、内部冲突、抑制性行为^⑭（inhibitory behavior）等往往会导致或者加重身体症状。不同的状态和情绪会在身体里产生不同的化学平衡，从而导致疾病。当我们在身份的层次上帮助来访者解决一个冲突时，通常会改善导致疾病的内在条件。

弗雷德：所有的疾病都与信念有关吗？

罗伯特：疾病是我们的生物和神经系统相互作用的产物。这是一个系统性的过程，并不单单与某一件事有关。一些疾病涉及非常复杂的系统内相互作用，而有些疾病相对更加简单。事实上，有一些生理问题，例如许多过敏反应是刺激—反应现象，可以通过非常快速和简单的心理过程来改变（可以参考下一章内容）。

---

⑭　抑制性行为：个体面对不熟悉或者出乎意料的人、事、物所表现的回避、退缩、胆怯。

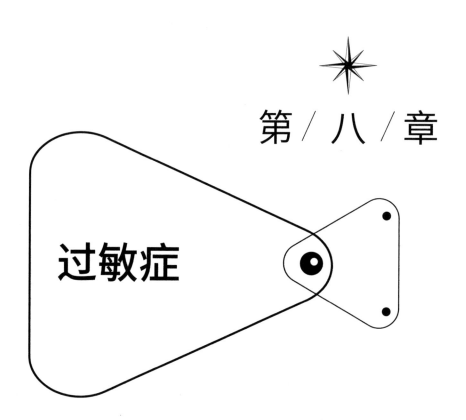

第/八/章

过敏症

在我主持的首届信念与健康工作坊上，有一位演讲嘉宾——迈克尔·列维（Michael Levi）博士。他是免疫学和遗传学领域研究人员，因为在20世纪50年代证明了病毒即感染的杰出工作而获得世界卫生协会奖。他随口向我提到，过敏症就像是免疫系统的恐惧症。这个说法引起了我的兴趣，因为这直觉上听起来很有道理，并且与我之前的一些观察相吻合。

例如，我知道一些过敏症患者在睡着或者心不在焉的时候，症状会立即发生改变。这表明，在神经学和生理学上都有某些东西在起作用。众所周知，人们可以脱敏，也可以"克服"过敏症。我还观察到，心理改变工作完成之后，过敏症会自动消失。因此，"过敏症就像是免疫系统的恐惧症"这样的想法似乎是一个很适合的隐喻，而这个想法成为一粒种子，帮助我开发了处理过敏反应的方法。

⚙ 过敏症快速处理法 ———————————————

当我想起列维博士的观点，并且考虑到我们已经拥有一套可以快速治疗顽固恐惧症的 NLP 步骤，我想，是否可以运用同样的原理来对过敏反应进行工作？

我把自己的想法应用在过敏症患者身上，观察哪些做法是有效的。一开始，我联合了自己开发的一种测量细微生理变化的生物反馈装置进行工作。这帮助我发现了与过敏症有关的大脑工作过程。从这项研究中，我发展了"过敏症三锚法"。蒂姆和苏茜将这项技术简化为我们本章要演示和说明的"过敏症快速处理法"。接下来的演示摘自他们在几次工作坊中的录像片段。

在这里，我想对读者提出一项警示。和其他医学问题一样，在针对过敏进行工作时，必须要结合适当的医学治疗。一些过敏症会导致严重的过敏性休克，可能会危及生命。因此在使用这些技术前，要确定来访者已经在接受有资质医师的诊断或者治疗（这项警示同样适用于本书中提及的所有技术）。

我还相信，既然我们可以影响与过敏反应相关的免疫系统，那么也可以推而广之，将这些方法应用于更深层次和更广泛的免疫问题，例如癌症、艾滋病、红斑狼疮、关节炎和其他涉及免疫系统的问题。

◎ 过敏症快速处理法演示

以下演示是1988年举办于芝加哥的全国 NLP 大会上进行的。

苏茜：好的，琳达。你说你对干草和青草过敏。

琳达：是的。一位过敏症专家已经对我进行了测试，我知道自己对提摩西草的过敏反应最大，即使是工人修剪草坪也会给我带来困扰。我养了一匹马，所以对干草过敏会让我有些不便。

苏茜：可以想象。如果现在我们在这个房间里修剪提摩西草，你会怎么样？

琳达：首先我的喉咙会肿胀，觉得口干舌燥，然后我的上颚会发痒，眼睛会充血和流泪。

苏茜：我们来做个测试，想象一下青草就在这里。想象你已经……

琳达：（产生上述过敏反应并大笑）

苏茜：好的。（观众笑）停下！停下！我们只是想获得一些反应来进行准确测定。

> （对各位学员）她刚才演示了有关过敏的一件很有意思的事。只需要想象过敏源在自己面前，就可以产生过敏反应。有一个故事发生在世纪之交，一位叫作麦肯齐（Mackenzie）的医生接诊了一位对玫瑰有强烈过敏反应的女士。他发现，如果他给这位女士看一朵非常仿真的假玫瑰，她也产生强烈的反应[1]。琳达也同样向我们展示了意念的力量。只要想象一下提摩西草，她的过敏反应就会出现。

苏茜：你产生这样的反应需要多长时间？看起来好像是瞬间产生的，对吗？如果你在过敏源面前暴露一段时间，情况会变得更加糟糕吗？

琳达：确实是瞬间产生的，只要看到过敏源，就会发生过敏反应，除非我服用药物。如果我离开那个环境，我的症状就会缓解。

苏茜：这个问题持续多长时间了？

琳达：（停顿）从我十一二岁开始。

苏茜：所以这个问题已经让你困扰很久了，它已经成为你生活的一个重要部分。

现在我们要教你的免疫系统学习一个新的反应。我们要告诉你的免疫系统，它不需要再产生当前的反应，它可以有一个更恰当的反应。我们会对你的免疫系统说："不是这个反应，而是这个反应。（用不同的手做手势）不是这个，而是这个。"所以，这只是对免疫系统重新进行训练的问题。

> （对各位学员）在开始之前，我们想要做一个整体平衡检查。

苏茜：如果你不再对干草和青草产生过敏的反应，你的生活会是什么样子？这会带给你什么样的意义？

琳达：嗯，在过去的十几年里，过敏症状已经有所减轻，所以我想接下来它可能会慢慢放过我。如果过敏反应消失了，对我来说，这只会意味着我扔掉了一个讨厌的包袱。

苏茜：过敏反应的消失会带来什么负面影响吗？有什么原因让你不想让这种反应消失吗？

琳达：不，我想没有。

苏茜：我是说，就好像你想要每时每刻都跟你的马待在一起，其他事情都可以置之不理。

琳达：（笑着）不。它不会占用我太多时间。我不会允许这件事发生。

苏茜：有一次，当蒂姆和我用这个方法跟一位对青草过敏的来访者工作时，他对这个问题的回应与你不同。他说："哦！那就得由我来修剪草坪了！现在是我妻子不得不干这活！"

（对各位学员）在这里，我们必须对可能存在的次级获益（secondary gain）进行处理。例如，我们会发现一个孩子在患上过敏或哮喘之后赢得了很多关注。在这样的情况下，我们需要协助这个孩子找到在没有过敏或哮喘的情况下也可以获得关注的方法。

对琳达来说，过敏症状消失似乎并不会让她的生活严重失衡。从她的言语来看是这样，我们也没有发现非言语信息的不一致。

苏茜：有哪些干草或者青草是你的身体可以接受的吗？有这样的青草吗？

176

琳达：室内植物，可以吗？

苏茜：可以。你对所有的绿色室内植物都可以接受吗？或者说，你的免疫系统在它们面前都不会出问题吗？

琳达：是的。我可以跟室内植物待在一起。

苏茜：我们正在努力寻找一个反例，它需要与引起过敏反应的物质很接近，越接近越好。

回到过去，想象自己和室内植物完全待在一起，真正待在一起。然后我想让你的免疫系统特别关注一下，当你看到室内植物时它所做出的反应，以及它是如何做到的。（对那个状态设置心锚）很好。

（对各位学员）我在努力对那个反例建立强有力的心锚。在设置心锚之前，要让来访者置身于具体的情境之中。

苏茜：现在，琳达，我想要让你想象在这个房间的前面，从左边的墙壁到右边的墙壁竖着一块亚克力板，它保护着你。而在那里，在亚克力板的另外一端，你看到了琳达。你看到那个琳达，她的反应就是我们刚才讨论的。（继续保持心锚）她的免疫系统了解如何对绿色室内植物做出恰当的反应。当你看向那里的琳达，你知道她的免疫系统了解如何做出适当的反应。（停顿）

好的。现在，我要你轻轻地把那个琳达放到一个周围都是青草的环境中去，那种曾经给她带来困扰的青草——提摩西草，或者其他的青草。看看那里的琳达，她知道自己完全可以做出我们设置心锚的这个反应。她的免疫系统确实知道如何做出适当的反应。你会注意到，那个琳达发生了变

177

化，因为她正在接触草地。一开始，你的内心会感觉非常陌生。（停顿）然后观察那个反应，这现在与她对绿色植物的反应是类似的。（停顿）好的。很好。

现在我要你在内心想象，自己去那里把那个琳达带回到自己面前。他们在修剪提摩西草，而你的免疫系统完好无损，正在按照你想要的方式运作。当你想象提摩西草就在身边的时候，你的免疫系统知道如何做出适当的反应。（停顿）好好放松。（停顿）嗯哼。很好。

现在，你很快就能接触提摩西草、干草之类的东西了。我希望你可以和自己的马待在一起，并且给它喂草。

琳达：好的。

苏茜：并且让你的免疫系统特别留意。它现在已经了解，当你在那个位置上时，如何做出恰当的反应。（停顿）好的。

> （对各位学员）我们在这里停留片刻。这有点像恐惧症的治疗步骤。我们会让满腹疑虑的来访者停一会，他会说："等一等。我不知道发生了什么。这件事不应该就这么简单，治疗不应该有这么好的效果。"

对于琳达的体验，你们想问什么问题吗？

男学员：当你想象自己面对过敏源的时候，有什么感觉吗？

琳达：只有那么一点点。好像是在我脸中央偏后一点的位置，如果你们能理解的话。只有这一点点与我平时的反应有点类似的感觉。比较像以前过敏反应刚刚开始的时候，然后就没有这种感觉了。

女学员：你觉得免疫系统的重组像是什么？

琳达：就像一个崩塌的心锚。你可以感觉到所有东西都在重新布局。一切都有所不同。

苏茜：这个描述很棒。确实她的每一根神经都会发生改变。

苏茜：现在我们继续吧，想象一下——你正深深地闻着一大捆提摩西草的味道。（停顿，更加轻柔地）然后注意内心发生了什么。（停顿）现在努力找回原来的反应。（更加轻柔地）尽你的一切努力。（停顿）

琳达：我还在防备着，准备接下来就要发生过敏反应了。（大笑）

苏茜：太神奇了。你做得非常棒！（大笑）

> （对各位学员）你们都进行了准确测定，这和我们在执行这个方法之前得到的反应相同吗？

各位学员：并不一样。

> （对各位学员）现在她还有所防备，这是自然而然的。在十一二岁的时候，她就有了过敏反应。她仍然在等待过敏反应发生，是因为每一次，那个刺激都会带来这样的反应。

苏茜：而你感到非常惊喜，你站在那里等待那个原来的反应，然后说："哦，它不在这儿。我可以尽情享受跟马儿共处的时光了。"

琳达：是的。

苏茜：（更加轻柔地）过敏反应不会再发生了。你可以感谢自己的免疫系统，它是如此乐于学习新的方式。

琳达：谢谢。

苏茜：自己来执行这个方法也是非常容易的，因为你说你对很多东西过敏。

琳达·是的，我还对其他东西过敏，那才是最大的问题。

苏茜：如果你善于举一反三，我就不必让你思考这个方法还可以适用于哪些物质了。

琳达：（笑）好的。

苏茜：可以让你的免疫系统自动完成这个步骤，我们不需要有意识地去做。我们可以非常快速地学习，所以毫无疑问可以更进一步，把这个方法应用在其他物质的过敏反应中，这样你就可以一劳永逸了。

◉ 答疑和总结

答疑

女学员：如果对方不知道他对什么物质过敏呢？

苏茜：显然，如果我们不知道过敏源是什么的话，要找到合适的反例就困难多了。对于花粉病来说，如果来访者只知道它是"空气中的某样东西"，我们可以试着用面粉、灰尘或飘浮在空气中的绒毛作为反例。我们也可以把来访者不会产生过敏反应时的空气作为反例。

男学员：有些人会在测试中对几乎所有东西过敏。而有些人则会在有些时候对过敏源产生反应，有些时候却不会。这是为什么？

苏茜：这可能意味着过敏症状与他们的情绪状态有关。由此，我们在干预工作中还应该包括这项内容：教会来访者在压力情境下做出适当的应对。举例来说，如果你们有人患有花粉病，是否会发现在某些年份，自己的症状会比其他年份严重很多？如果进行一下回顾，可能会发现，在这些年份里，你的生活发生了某些事件——而不是因为花粉的数量增加，是内在状态导致症状严重程度的变化。

男学员：如果过敏反应卷土重来，应该怎么做？

苏茜：那就再次实施这个步骤，通常整个过程只需要5分钟。同时，我们也要反复检查，我们运用的反例是否符合整体平衡的原则，是否有一些信念起到了阻碍作用。在少数情况下，我们可能需要进行一次印记重塑或者冲突整合。

女学员：您对儿童使用过这个方法吗？

苏茜：是的。它很适合儿童。据我们所知，使用这个方法的孩子最小的只有3岁左右。

男学员：如果这个方法不起作用怎么办？

苏茜：首先，可能是因为来访者选择的反例不太合适。反例越接近过敏源，效果越好。比如说来访者对牛奶过敏，那么他能喝羊奶或豆奶吗？如果他们对各种各样的奶过敏，有没有什么白色的液体可以接受，比如椰子汁之类的？我发现，最好是让来访者自己来提出反例，而不是由我来选择，不过我们的建议往往会有帮助。

方法不起作用的另外一个重要原因与次级获益和整体平衡有关。整体平衡问题可能不会在治疗的一开始就出现——除非我们让来访者进行未来模拟（future pace），否则可能无法发现这个问题。在继续对免疫系统进行工作之前，我们可能需要通过重构、新行为发生器、印记重塑、改变个人史来处理次级获益。

第三个原因是可能潜藏着一个印记，这才是产生过敏的真正根源。在处理来访者的讨敏症之前，检验是否存在未解决的印记经历是有百利而无一害的，这样我们就可以做得非常彻底。

女学员：您曾经用这个方法处理过致命的过敏症吗？

苏茜：如果来访者有致命的过敏症，我会坚持让来访者同意去医生那里进行适当的医学检查，确保治疗不会产生致命的反应。如果来访者的过敏症状会威胁到生命或者非常严重，我们可能要使用三位分离^⑮（three place dissociation）——就像对待恐惧症一样。目的是让来访者保持足够远的距离，避免他陷入症状之中。

总结

1. 准确测定。询问来访者："当你面对过敏源的时候，会是什么样呢？"观察来访者的身体状态、眼球解读线索、呼吸等。

2. 对免疫系统的错误进行解释。向来访者解释，他的免疫系统出了错，它认为某件事物是危险的，但事实并非如此。免疫系统将其内部或外部并不存在威胁的某件事物标记为危险，但是我们可以快速地对它进行再训练。

3. 检查整体平衡/次级获益。如果这个过敏反应消失了，来访者的生活会是什么样子？会有什么积极或消极的后果？在这里，我们需要使用各种NLP技术来处理整体平衡问题，然后才能继续进行下一步。

4. 找到合适的反例资源。找到一个与过敏源尽可能相似的、免疫系统对此做出适当反应的反例。对这个适当的反应设置心锚，然后在整个过程中保持这个心锚。在设置心锚时确保来访者是身临其境的。如果可能的话，

---

⑮　三位分离：自身位置、他人位置和旁观者位置彼此分离。

让来访者自己提出与过敏源相似的反例。

5. 让来访者抽离（置身事外）。抽离的一个简单方法是让来访者想象有整整一面亚克力隔板。在保持心锚的同时，让他看看在亚克力隔板另一端那个灵活自如的自己。用轻柔的语言告诉来访者，那就是"你想要成为的样子"，并且他的免疫系统可以做出恰当的反应。

6. 逐步引入过敏源。在来访者观察亚克力隔板后面的自己时，让他慢慢引入原本会产生过敏反应的过敏源。逐步引入过敏源可以让来访者有机会适应它。在这里耐心等待，直到我们看到来访者身体状态的转变。就好像免疫系统说："好吧，我明白了。我已经改旗易帜了，所以这和我的 T 淋巴细胞不再有任何关系了。"

7. 重新连接。让他重新回到自己的身体里，继续保持资源锚的同时，让他想象过敏源就在自己面前。

8. 未来测试。让来访者想象未来的某个时刻，曾经让他产生过敏反应的事物会出现在自己面前。

9. 进行检验。如果条件允许，可以在现场谨慎地进行检验。或者再次进行测定，观察来访者的身体状态、眼球解读线索、呼吸等是否发生了变化。

◉ 过敏症反例法

NLP 领域的发展日新月异，因此有时我们无法及时更新在方法实践过程中的新发现和变化。在本章的开头，我们分享了关于使用 NLP 的思想帮助来访者消除过敏反应的最初想法。在进一步探索和应用过敏症快速处理法之后，我们将其更名为过敏症反例法，以此来强调我们利用反例作为心锚资源，转换来访者不适而无力的反应。在这里，我们想要深入地讨论一下为何要在处理过敏症的过程中运用这种思考方式。

什么是过敏症？

简而言之，过敏症是免疫系统的过度反应，就像恐惧症或者情绪失控一样。恐惧症是对于并不那么危险的事物，例如电梯、高处、老鼠、蜜蜂、狗、蜘蛛等的过度反应。也就是说，是我们对于某件事物的想法制造了这种反应。有的来访者对橙色万寿菊过敏，但对黄色万寿菊不过敏。或者，他们对长毛猫过敏，而对短毛猫不过敏。这些都是很好的例子，说明是我们关于某个事物（例如橙色万寿菊或长毛猫）的想法导致了过敏反应。

在19世纪90年代，有一位名叫麦肯齐的美国医生，他的病人患上了严重的鼻漏——"鼻子不停地流出液体"。麦肯齐医生尝试了很多种医疗干预方法，但无法改变她的症状，他逐渐意识到这是一种过敏反应。这位病人提到，当她晚上在花园里散步时，反应会特别强烈。有一次，在病人来到他办公室时，他送给病人一朵美丽的丝质玫瑰，她立刻产生了"鼻漏"反应。在那一刻，他意识到让病人产生过敏反应的是她关于玫瑰的想法，而不是上面的花粉。麦肯齐医生最先从科学角度认识到，过敏是由认知创造的身心问题。

过敏是如何形成的？

如果说过敏是免疫系统对实际并不会造成危险或麻烦的事物的过度反应，那么它们是如何形成的呢？在1986年6月出版的《国家地理》（*National*

Geographic）杂志上的《细胞战争》（*Cell Wars*）一文中，我们可以找到非常详尽的描述，以及令人震撼的免疫系统各种细胞的图片[2]。

许多不同类型的细胞组成了免疫系统。当你的免疫细胞被制造出来时，它们不知道该做什么或如何发挥作用，所以它们向胸腺学习该抵御哪些细菌或病毒。在这个时候，它们进行了分工，一些与病毒做斗争，而一些与细菌做斗争。如果外来病毒或细菌进入身体，它们就会找个地方生长和复制，从而引起症状。免疫系统的工作是保护我们不受这些外来入侵者的伤害。

免疫系统的第一道防线是巨噬细胞，这是巨大的白细胞，它们也被称为清道夫。它们伸出四面八方的触须在免疫系统中巡游，吞噬或者清除外来的物质或垃圾。如果你的免疫系统发现了危险，白细胞们就会单独挑出那个细菌，等待进行区分的标记细胞过来进行分子配对。当训练有素的标记细胞进行配对的时候，这个细胞释放出组胺，刺激免疫系统的进一步活动。组胺能扩张血管，刺激细胞释放蛋白质。扩张的血管更容易吸引杀伤性 T 细胞，吞噬并破坏细菌入侵者。所以我们会红肿、疼痛，或者流鼻涕、咳嗽、打喷嚏和流泪。

免疫系统就是我们的身份系统。我们的巨噬细胞学习将不属于自身的、需要消除的入侵者识别出来。过敏症属于身份系统出错的问题，往往容易在人生转折阶段发生——在这个阶段，我们的身份在发生变化。当我们变成一个全新的自己时，我们会失去平衡，因而免疫系统处于一种高度警觉的状态。在转折阶段，我们会处于迷惘之中，需要重新认识自己。在这段时间里，免疫系统会把实则无害的事物误认为是危险的。人生转折包括开始或结束学业、搬家、青春期、离家、生育、离婚、踏上新的工作岗位等。

免疫学家还提出了一种理论，认为人类有一种与过敏相关的基因，这种基因会被打开或关闭。我们不由得猜测，在人生转折阶段，我们是否不断地打开又关闭这种基因呢？而且，我们可能知道，有些人克服了过敏。当他们经历某种变迁的时候，这种基因是否也随之发生变化了呢？

我们有一位好友从家乡秘鲁移居美国。他是在海边的利马长大的，在那里，他一直吃虾，这是他最喜爱的食物之一。当他移居到美国时，他开始对虾过敏，对它产生了强烈的反应。这是一个很有意思的例子，因为当他再次回到秘鲁的时候就可以吃虾，而且不会发生一点点过敏反应。谈到这件事的时候，他意识到，尽管自己已经移居到美国，但身份仍然在秘鲁。使用反例技术之后，他在美国也不会对虾产生过敏反应了。

这个例子告诉我们，免疫系统会由于生活变迁而失去平衡，因而发生错误。当我们失衡的时候，即使面对一件其实并不危险的事物，我们的免疫系统可能也会发出危险信号，误以为需要保护我们不被入侵者伤害。一旦免疫系统认为某件事物是一种威胁并做出了反应，它就永远不会遗忘。在任何时候，只要遇到某种花粉、灰尘、气味、食物等，它就一直会做出相同的反应。既然我们的免疫系统可以学会始终对危险做出反应，那么它也可以迅速地重新学习，认识到某件事物实际上并不会带来危险。因此，反例法可以有效地对免疫系统进行再训练。

把反例作为资源

反例就是在某种情况下，我们预期将会发生但并没有发生的事情。在反例技术中，我们可以使用两种不同的反例。

1. 某个时间。以对猫过敏为例，来访者可以想一下和猫在一起自己却没有过敏反应的"某个时间"。这个时间甚至可能比最初产生过敏反应的时间更早。对于花粉病，可以是花粉不会造成过敏反应的时候。

2. 某个相似事物。也许一个人会对香烟产生的烟雾过敏，但是对篝火产生的烟雾不过敏。或者，他对猫过敏，却对狗不过敏；对花生过敏，却对杏仁不过敏。这些都属于"相似事物"的范畴。

选择反例时，最重要的是当事人自己如何看待反例。只有他们的免疫系统认可了所使用的反例，整个过程才有作用。

反例法总结

反例法是如此快速而简单，非常容易操作。它包括九个步骤：

1. 准确测定。

2. 解释免疫系统的错误。

3. 检查整体平衡／次级获益。

4. 找到合适的反例资源，并设置心锚。

5. 让来访者想象自己站在一整面厚亚克力板后面，从旁观者的角度观察自己。然后运用反例的心锚，让来访者看着自己面对反例，同时保持理想的状态。

6. 引入过敏源。引入让来访者产生过度反应的过敏源，同时让来访者继续看着自己保持着所期望的姿态（就像在面对反例时那样）。

7. 仍然保持心锚，让来访者重新身临其境。让来访者想象自己完全与讨敏源待在一起，但仍然保持着自己在面对反例时灵活自如的姿态。

8. 未来测试。仍然保持心锚，并进行未来测试——让来访者想象在未来，自己完全可以面对这个过敏源。

9. 进行检验。如果来访者有严重的过敏反应，务必让他们同时在正规医师那里接受诊治。

处理每个步骤的技巧

1. 准确测定。首先我们要识别来访者的当前状态。"当你面对过敏源时是什么样子的？"观察来访者的身体语言、眼球解读线索、呼吸、肤色、肌肉张力等，以识别状态。在疗程结束进行检验时，你会看到，他的状态看上去不同了（并且增加了资源）。问这个问题还有一个作用，就是可以让免疫系统出错的那部分准备接受改变。

2. 解释免疫系统的错误。向来访者解释他的免疫系统出了错，它认为某件事物是危险的，但事实并非如此。免疫系统将其内部或外部并不存在威胁的某件事物标记为危险，但是我们可以快速地对它进行再训练。

3. 检查整体平衡 / 次级获益。我们可以问来访者："你能想到有什么好的理由，支持你保持这个过敏反应吗？如果没有这个反应，你的生活会是什么样？消除这个反应之后，会有什么消极的后果吗？"如果发现有整体平衡的问题，使用其他 NLP 技术进行处理。

这里有个例子可以帮助我们理解"整体平衡的问题"。有位原本打算启动改变的女性开始变得有些犹疑不定。苏茜问她："发生了什么？"这位女性就无意识地试图诱发自己的哮喘。她不确定自己是否真的想摆脱哮喘。

她的祖父发明了一种吸入器帮助她治疗哮喘，而这种吸入器给她的家族带来了商业利益。不仅如此，因为这种吸入器是祖父专门为她发明的，所以这代表了祖父对她的爱和关心。现在，你们看到整体平衡的问题了吗？如果她不再需要使用这种吸入器，将会意味着什么？

所以我们得做一点点重构的工作。我们问她祖父到底想要什么——她不再哮喘还是一直使用吸入器？她想了想说："他想让我康复。"她意识到即使这个方法奏效了，她不再需要祖父的发明，这个装置对其他很多人来说仍然很有价值。

4. 找到一个合适的反例资源，并设置心锚。我们可以使用两种反例作为资源：(a) 来访者面对过敏源并产生恰当的反应的某个时间，(b) 与过敏源相似、但来访者并没有产生过敏的某件事物。为反例建立强大的、让来访者身临其境的心锚。

5. 抽离。让来访者以旁观者的角度通过亚克力板看着自己面对反例。保持心锚，让他看到自己表现出理想的状态。在这里，让来访者留意他现在所看到画面的位置。

6. 引入过敏源。建议来访者让他刚刚建构的画面消失，当它消失的时候，一个新的画面会在同样的位置出现。让来访者观察那块亚克力板后面的自己，看到自己正在面对招致过敏反应的事物。有时候，我们首先会看到来访者有些困惑，然后免疫系统好像在说："好吧，我明白了……我已经学会了一种新的反应。"

7. 让来访者再次身临其境。放下亚克力板，让他想象当下和过敏源在一起，同时继续保持资源锚。让他想象完全与过敏源在一起，并且告诉他可以做出更加恰当的反应。

8. 未来测试。让他想象自己在未来的某一时刻面对过敏源。要始终保持心锚——这样方法才会有效。在整个未来测试的过程中，始终保持状态稳定，给予免疫系统时间来学习这个新的资源。

9. 进行检验。如果条件允许，可以在现场谨慎地进行检验。否则就再次进行测定，观察来访者的眼球解读线索、姿势、肌肉张力、呼吸和肤色等是否发生了变化。我们希望来访者看上去更加灵活自如——就像他在面对反例时那样。如果来访者有严重的过敏反应，务必让他同时在正规医师那里接受诊治。

反例过程演示（1）

蒂姆：好吧，那么除了百合花之外，你对哪些东西过敏？

桑迪：青草、树木、霉菌，所有的一切，但百合花确实是最严重的。

蒂姆：好吧，那么我们可以从百合花开始？

桑迪：是的。

蒂姆：现在想象一下，在你面前有一朵百合花，会发生什么？

桑迪：我的眼睛发痒，流鼻涕，我开始打喷嚏，我的上颚发痒，鼻子不通气。一切立刻就发生了。

蒂姆：你刚刚告诉了我们，在面对百合花时你目前的状态是怎么样的？有什么植物是你能够面对的吗？

桑迪：玫瑰。

蒂姆：那么，你喜欢玫瑰吗？

190

桑迪：是的。

蒂姆：你喜欢它的气味吗？

桑迪：是的。

蒂姆：那么你有没有弯下身去闻玫瑰的气味？

桑迪：很多次。

蒂姆：你喜欢吗？

桑迪：是的。

蒂姆：所以，我们现在要对它设置心锚。想象一下你在闻那朵玫瑰。你知道那是什么感觉。当你闻到玫瑰的气味时，你的身体就知道如何有效地对它做出反应，对吗？

桑迪：是的。

蒂姆：（对闻玫瑰的状态设置了心锚）好的，太棒了。现在，离开那个状态。

> （对各位学员）所以我对她的反例设置了心锚，并且我要对这个心锚进行检验。（蒂姆放开心锚，然后重新激活它）它就在那里。你们都能看到它吗？我们进行检验是为了确保这个心锚被建立得比较牢固。

蒂姆：现在，我想让你想象一下，从地板到天花板之间竖着一大块厚厚的亚克力板，就像在水族馆的鲨鱼池里看到的那样。我们可以透过它看向远处（指向远处），你可以看到桑迪拿着一朵玫瑰仔细地闻着，她的免疫系统运作正常。你有一点感觉了吗？所以她的免疫系统知道如何与玫瑰相处。你可以享受这朵玫瑰，和大自然的美好事物共处，对吗？

（对各位学员）看起来还不错，对吗？

蒂姆：现在让那个画面消失吧，仍然透过亚克力板看向那边。在那个画面消失的地方，你看到你自己以同样的状态闻着一朵百合花。坚持这样做。看着你自己面对一朵百合花。

（对各位学员）她看上去怎么样？

蒂姆：现在开始有些变化了，对吗？现在回到自己的身体里。让亚克力板消失。

桑迪：好的。

蒂姆：现在想象一下，我拿着一朵百合花，你能闻到它的气味。怎么样？

（对各位学员）看起来确实有变化了。

蒂姆：好的，想想下次什么时候你会跟百合花待在一起？你想到了吗？想象自己保持着这种状态。想象一下，拿着那朵百合花，轻轻地闻了闻。你觉得可以做个小小的测试吗？

桑迪：可以。我去闻百合花吗？我得先去闻玫瑰花吗？

蒂姆：好的。先轻轻地闻一闻。刚开始的测试要温和一点。

桑迪：我也得去闻玫瑰花吗？

蒂姆：是的。

桑迪：哦，好的。

蒂姆：所以，发生了什么？

（对各位学员）现在她要去闻百合花了。

桑迪：嗯，我的呼吸还算顺畅。我可以深呼吸。

蒂姆：之前你说过，自己会很快产生过敏反应，对吧？

桑迪：是的。

蒂姆：好的，感谢你的免疫系统。你只要进入内心，请求免疫系统以同样的方式对待花粉、青草和霉菌，因为免疫系统之前对它们也犯了错误。好好欣赏自己吧，你的免疫系统非常了不起。每一个小小的巨噬细胞都会说："我明白了。这其实微不足道。"很棒。干得好。

桑迪：谢谢。

反例过程演示（2）

蒂姆：所以，查尔斯有点过敏。但他不清楚具体对什么过敏，总之是空气里的东西，是吗？

查尔斯：我知道自己对灰尘过敏。我不知道其他还有什么。

蒂姆：那好吧，我们用灰尘来演示，对灰尘过敏是很常见的。通常不仅仅是灰尘，还有灰尘里的小螨虫，只有在显微镜下才能看到它们。所以，你对灰尘过敏。如果你周围有很多灰尘，会怎么样？我想做一下准确测定。

查尔斯：在使用吸尘器的时候，我的反应最强烈，因为滤网会漏出一些灰尘，我就会把灰尘吸进去。

蒂姆：所以，想象一下你在使用吸尘器，空气里到处都是灰尘。

查尔斯：好的，那样我得不停地擦鼻子。

蒂姆：想象一下你在擦鼻子。感受一下。我们要进行准确测定。可以吗？

> （对各位学员）看这个部位很紧张。（指向查尔斯的脸）他的肤色发生了变化。通过想象，你就会产生一些反应。

蒂姆：让那个画面消失。

（对各位学员）顺便说一句，这通常是一个好的迹象，表明这个方法会有效。现在我们已经确定了当前状态，并进行了准确测定。这个反应将帮助我们最终检验方法是否有效，所以我们需要在开始就进行准确测定。我们会不断地进行测定。

蒂姆：有什么好的理由让你对灰尘过敏吗？

查尔斯：我觉得没有。

蒂姆：过敏能让你摆脱家务吗？

查尔斯：不，不能。无论如何，我都得做家务。

蒂姆：然后你就会难受，对吧？

查尔斯：是的。

蒂姆：好的，现在进入内心检查一下。内心有哪个部分会提出一个好的理由吗？

查尔斯：我想没有。

（对各位学员）如果存在整体平衡问题，一般会到后面显现出来，但询问来访者往往也是一种有效的方式。有时候人们会突然顿悟："啊，好吧，过敏反应可以让我不用做某件事情。"有位对灰尘过敏的来访者是斯坦福的教授，很多高层人士都会去听他的讲座。有时候，他会发生过敏反应，然后这就可以成为"他不必表现得像自己所期待的那样完美"的借口。他会这样说："要不是我有这个过敏的问题，我就能表现得非常完美。"因此，我们必须通过其他方式来处理他的自我认知。

蒂姆：那有什么例外情况吗？有没有什么东西，你觉得和灰尘很相似、但是不会让你产生过敏反应？你可以选择一个不会产生过敏的时间或者相似物。

查尔斯：我在任何时间都会对灰尘产生过敏，但大多数花粉对我来说都没问题。

蒂姆：花粉。

查尔斯：也许有些物质会让我过敏，但花朵并不会让我狼狈不堪。

蒂姆：好的。如果有人送你一朵玫瑰，你可以整天闻着它而安然无恙，对吧？

查尔斯：我从来没有因为闻到花的气味而产生过敏。

蒂姆：好的。当然，花粉也有一些微粒，和灰尘一样，对吧？可能里面也有一些微生物。你难以想象你体内有多少细菌，到处都是这些小生物。

查尔斯：这些微生物的存在是为了阻挡其他的微生物。

蒂姆：那我们就用花粉吧。根据你的世界模型，它和灰尘是非常相似的。与室内灰尘可能有些相似的是道路灰尘，你试过在山上散步或徒步旅行吗？

查尔斯：我也会因此过敏。

蒂姆：那样也会过敏？有时候小路上也是尘土飞扬。面粉呢？你可以筛面粉吗？

查尔斯：我对面粉不过敏。

蒂姆：有人在做面包之类的东西时，你可以跟面粉待在一起。

蒂姆：我认为花粉是个不错的反例。你说喜欢玫瑰，所以，想象这里有一朵玫瑰。你正在闻着它，你的身体知道怎么处理，对吗？所以，你可以接受它，尽情享受玫瑰，享受你的生活。

再想象一次，你在闻着这朵玫瑰，记住这个反应。我要求你的潜意识也这么做。想象一下从地板到天花板有一块厚厚的亚克力板。看那边。再往上一点，在那里找个空间，然后看着那里，透过亚克力板看到查尔斯正闻着玫瑰的气味，他的样子就是你所期望的那样——非常自如。看起来怎么样？

让那个画面消失，就在那个画面的位置，你看到自己和灰尘在一起——也许在你的客厅里有一台吸尘器正在工作。但请注意，你有这个能力按照自己期望的状态和灰尘共处。好的。

（对各位学员）看起来不错，不是吗？你们都看到那个细微的转变了吗？他好像稍稍放松一点了。

蒂姆：现在让亚克力板消失。想象一下，现在你在客厅里用吸尘器吸尘，那里有些灰尘。现在继续想象。你看到那些闪着亮光的小斑点了吗？

查尔斯：不，我看不到。它们非常微小。

蒂姆：好的。我看到的灰尘比那个还大。

查尔斯：我的吸尘器有一种滤网，可以把大颗粒的灰尘过滤掉。

蒂姆：想象小颗粒物来了，但你有这个能力和它们共处。

蒂姆：让吸尘器消失，想象四周都是那些小颗粒物。你现在怎么样？

查尔斯：我没事。

蒂姆：看起来不错，不是吗？看起来确实有变化了。所以你能在接下来的几天里进行检验吗？

查尔斯：可能下周末吧。

蒂姆：那么，假设是下周六。你在用吸尘器打扫你的房子。

查尔斯：星期天。

蒂姆：好吧，今天是星期天，你在吸尘。有一些小颗粒物。怎么样？你得同意在星期天用吸尘器打扫你的房子。

查尔斯：一言为定。

蒂姆：让我们想象一下在一年之后，你已经安然无恙地使用吸尘器一年，那些小颗粒物不再给你带来麻烦，并且你可以随时回到自己跟过敏反应告别的那个时间点。下次见到你的时候，希望可以听到你的反馈。

答疑

杰克：这对自身免疫性疾病有效吗？

蒂姆：自身免疫性疾病通常是一种冲突。你的一部分在和另一部分进行斗争。所以，我将从冲突整合开始。

阿诺德：如果我的问题是由压力引起的，这个方法有效吗？

蒂姆：肯定会的。

杰克：这对食物过敏有效吗？

197

蒂姆：是的。它也适用于蜂蜇，对药物过敏也有效。它对几乎所有东西都有效。我们是针对你的认知和反应方式进行工作，具体内容并不重要。

玛丽：这对湿疹之类的问题有效吗？

蒂姆：可以。通常情况下，你只需要知道自己对什么过敏就可以了。我曾经和一个患有湿疹的7岁男孩一起工作。我只是让他想象进入自己的内心深处，就像走进电梯一样。然后，我让他问自己是什么导致了他的湿疹。他想到了两样东西：盐水和橙汁。他母亲几乎每天都给他喝橙汁。所以，我们把这个当作过敏源来处理，随后他的湿疹消失了。

我从小就吃墨西哥菜，从来都不会产生过敏反应。但有一天，当我在科罗拉多州的一家餐馆吃墨西哥菜时，我的喉咙开始发痒、红肿。我不知道食物里有什么，但我知道这种不适一定是因为食物中的某种物质（或者是香料）引起的。在那一刻，我对自己使用了这个方法。我将有一次在墨西哥吃了墨西哥菜却没有过敏作为反例，瘙痒和肿胀立即消失了。

还有一个类似的例子是，苏茜和一位朋友在犹他州的山区徒步旅行时，她开始打喷嚏，咳嗽，流鼻涕。她知道一定是空气中的某种物质引起了这种反应，所以她想象了自己在爱达荷州山区徒步旅行过许多次，对空气没有过敏反应，症状立即消失了。

杰克：我知道这个方法对上瘾很有效。

蒂姆：我有一位来访者，她来见我是因为其他问题。但有一天，我见到她时，她说她的老板给了她一大盒巧克力，她控制不住要去吃它。有人跟我说过，上瘾可能像过敏反应一样，我向她提起这一点。我们进行了过敏疗程，她对巧克力的强烈欲望立刻减轻了。从那以后，我很多次把这个过程用于处理上瘾，效果很好。

弗雷德：针对嗜食巧克力的来访者，可以用什么好的反例呢？

蒂姆：出于直觉，人们会使用他们认为恶心的某种食物作为反例。但我们应该选择某种可以被接受的、与巧克力类似的东西。一些人嗜好巧克力，但不喜欢糖果。或者，他们可以吃牛奶糖，但不喜欢吃巧克力。如果你能接受花生的话，花生酱的质地与巧克力相似。

布拉德利：对于香烟的烟雾，有哪些好的反例呢？

蒂姆：壁炉的烟雾、篝火的烟雾、熏香，有时是雪茄。有些人对香烟上瘾，但对雪茄没什么感觉。

问：对于牛奶和乳制品，有什么好的反例？

答：米浆、豆浆或羊奶。苏茜的一位来访者曾经用可可奶作为反例。反例必须是来访者认为合适并且合理的——即使对咨询师来说并非如此，因为重新接受训练的是来访者的免疫系统。

问：我们可以对自己使用这个方法吗？还是必须有其他人协助？

答：如果你想自己对某个点进行工作，可以使用空间锚。把一张纸放在地板上，以此作为你的资源。选择了合适的反例之后，踏入纸上的空白处，想象一下你和反例在一起的情景。然后，走出这个空间进行检验，确定这个反例可以产生积极的作用。然后回到地板锚上，透过亚克力板执行整个流程。你也可以为自己建立一个代表反例的身体感觉心锚。当然，如果有其他人在的话，最好是和其他人一起工作。

问：这个方法对过敏以外的任何东西都有效吗？

答：是的，没有任何限制。它适用于任何让你束手无策、但是可以找到反例的场合。我们曾经和一个社工一起工作过，他说自己在带领新的来访者团体的第一个晚上总是非常紧张。到了第四次小组活动时，他就放松下来了，他把这个用作反例。

◎ 前景 / 后景法

接下来，我们要讨论的是图像 / 背景（figure/ground）或者前景 / 后景法（foreground/background procedure）。在读到巴甫洛夫用狗进行的一些实验后，罗伯特开发了这个技术[3]。

我相信你还记得，巴甫洛夫是一位俄国科学家，他进行了许多关于刺激—反应的初步研究。在一项研究中，他让一只狗在听到门铃、蜂鸣器和音调的同时分泌唾液。巴甫洛夫发现，狗在听到不同的声音时分泌的唾液量是不同的，门铃可能是10滴，蜂鸣器5滴，音调2滴。换而言之，门铃是狗所听到声音的前景（那条狗更加关注门铃，而不是蜂鸣器或音调），而产生最少唾液的音调是后景。

巴甫洛夫发现，如果他抑制狗对音调的反应，这样狗听到音调时就一点都不会流口水（所以它的值为零）。然后，巴甫洛夫重新引入带着门铃和蜂鸣器的音调，那么狗听到组合声音产生的唾液量就会降到零。这三种声音的组合不再刺激狗分泌唾液。

同样的原理也适用于人类的过敏和其他刺激—反应问题。当我们在特定的背景中有一个特定的刺激时，可以使用前景 / 后景技术。它可以用于治疗恐惧症、对钻牙声的不适反应、对刺耳音调的消极反应等。

前景 / 后景法演示

蒂姆：这里还有人患有过敏吗？

加里：我对棉白杨树过敏。当它们的绒毛四处飘荡时，我就会鼻塞。有趣的是，当我关注自己的症状时，情况就会更加糟糕。当我全神贯注做一件事的时候，就会好一些。

苏茜：很好。或许我们可以帮助你把注意力放在其他事情上。

蒂姆：当你在棉白杨树周围的时候，会是什么样子？

加里：（眼睛周围肌肉紧张，肤色变得不均匀）我的眼睛开始发痒，鼻子不通。

蒂姆：如果现在周围有棉白杨绒毛，你会介意吗？

加里：哦，是的。

蒂姆：你喜欢松树吗？我猜你在松林里还好吧？（当加里开始思考松树时，对加里的手臂设置身体感觉心锚）

蒂姆：（保持有关松树的心锚，突然问）你脚上的网球鞋穿起来感觉怎么样？（在加里脚上的感觉和加里在松树周围的感觉之间建立连接）

蒂姆：（放开心锚）棉白杨树怎么样？如果你在棉白杨树林中行走……会是什么样子的？

加里：（困惑，眨眼几次，转变为与松树相关的身体状态）等一下……

苏茜：这叫釜底抽薪。

加里：真是令人震惊。（他静静地坐了一会儿）

蒂姆：你现在想到棉白杨树是什么感觉？你能召回原来的反应吗？

加里：（停顿）不能。

苏茜：好吧，看看房间里都是白色的绒球。

加里：（停顿）我再努力一点。（没有展现出之前想到棉白杨树时的身体状态）当我在头脑中回到过去，我有过敏反应的那个时候，就好像它从来没有存在过一样。那真是太奇怪了。

（对各位学员）我们很容易在不知不觉之间实施这个方法，因为它非常快速。它作用于视觉或听觉锚定反应，在应用于家庭治疗、商业谈判和跟夫妻工作时效果是非常显著的。

我来解释一下蒂姆对加里做了什么。棉白杨树最初是加里的前景，而作为他身体一部分的双脚是他的后景。

所以，我们在他的双脚和他没有过敏反应的反例（松树）之间建立了强有力的联系。只要在他的认知中，松树这个反例与棉白杨树足够接近，这项技术就会奏效。

男学员：您是如何在不知不觉之间完成这个过程的？

蒂姆：这对不熟悉心锚的人来说确实是不知不觉的。还有一个例子发生在前几天，当时我和一位穿西装、打领带的男性交谈。他告诉我，他和妻子之间有一些问题，他在公司打电话给她时，她总是唠叨个不停。我假设在唠叨的背景下，他对她的语调建立了消极的心锚。后来我告诉他，我很高兴自己不用打领带，问他是否介意打领带。当他转而谈论自己是否介意的时候，我握住自己衣领上假想的领结，对他的反应设置了视觉心锚。然后我问他，当他愿意听妻子说话的时候，他们都谈些什么，同时快速释放了握住假想领结的视觉心锚。然后我问他妻子会不会有些唠叨，他的回答和最开始的截然不同。他说可能没那么严重。他并不清楚这一切是怎么

202

发生的，但我确信他的潜意识接受了——就像我知道当他开始更多地倾听妻子的时候，他的妻子也会接受。

有一个关键是，我们要找到来访者认为与过敏源"足够接近"的反例，最好的反例是来访者本应对此产生过敏反应、但却没有的时间或事物。例如，我可能会问加里，他是否有过周围有棉白杨树绒毛但没有过敏的情况。退而求其次，我们可以选择来访者认为属于同类的东西（在加里的例子中是树木）或者行为（在戴领带男子的例子中是交谈）。

苏茜：当我们第一次看到罗伯特用这个技术进行工作时，他的来访者是一位听到钻牙声就会感到焦虑的女性。罗伯特让她想一个反例——听起来和钻牙声相似但她不会产生过敏反应的声音。她想到了电动搅拌机，但是使用这个反例时，这项技术并未奏效。原来有一个关键的问题，控制着搅拌机的是她自己，而控制着钻头的却是牙医。后来理发师的推子成了一个很好的反例：两者声音很相似，并且控制着推子的是理发师。

蒂姆：如果反例是某件来访者觉得很享受的事，那就更好了。这位女士说她喜欢做头发，因为这让她觉得自己更有吸引力。这些美好的感觉盖过了牙科这个背景。

对于后景元素，我们可以选择一些恒定的事物——温度、手或脚的感觉等。我们的选择要小心谨慎，可以先和来访者核对一下。有一位来访者对香烟过敏，但他的妻子抽烟，所以他遇到了很大的麻烦。和跟加里的工作一样，我们把他的双脚作为后景元素，突然他产生了很不舒服的反应。原来他以前吸过烟，但是医生说他的双脚存在血液循环的问题，所以才把烟戒掉了！

前景 / 后景法总结

1. 找出在特定环境下发生的限制性反应（过敏、钻牙声、烦人的语调）。

·对与之相关的身体状态进行准确测定。

·前景是什么？来访者最容易关注到什么？

2. 找到合适的反例资源。可以是来访者本应产生反应但没有的一个时间，或者与限制性情境类似的情境。

·前景是什么？来访者最容易关注到什么？

3. 找到在限制性情境和反例情境中必定发生的、来访者并未意识到的某件事。这两个情境的后景是什么（例如脚底的感觉、衣服的重量）？对这个特征设置心锚。

4. 保持心锚的同时，让来访者专注于反例体验中最关注的事物。我们的目标是在来访者最容易关注到的事物（前景）和某些他并未关注到的事物（后景）之间建立一个强有力的连接。

5. 放开心锚，立即让来访者记住并融入先前的限制性体验。

6. 对身体状态进行准确测定。

·如果限制性反应仍然出现，则使用其他的反例重复步骤3，并加强前景和后景特征之间的连接。

7. 进行未来测试，在来访者思考未来情境时保持后景锚。

次感元转化法总结

在针对过敏进行工作时，还有一种运用反例和次感元的方法。我们不使用心锚，而是找到在免疫系统正常运作时出现了哪些次感元，在产生不当反应时存在哪些次感元。通常，我们会发现这些次感元之间存在很大的差异[1]。

1. 准确测定。

2. 解释免疫系统的错误。

3. 检查次级获益／整体平衡问题。

4. 找到合适的资源／反例，引出此反例的次感元。我们可以问："你对此有何看法？"从来访者的回应中，我们可以找到来访者在免疫系统做出适当反应的时候所使用的次感元。

5. 引出与过敏情境相关的次感元，即在来访者的免疫系统做出不当反应的时候所使用的次感元。

6. 让来访者在想象过敏源时对次感元进行转化，使之与反例情境中的次感元相匹配。

7. 未来测试。

8. 进行检验。

后记

接下来，我们会看到一个关于疗愈的故事。这位女性战胜了乳腺癌，并且亲自讲述自己亲历的这个鼓舞人心的故事。在1982年，我母亲被诊断为乳腺癌复发，并且被告知癌细胞已经扩散到她的全身。她的生命似乎即将走到尽头。但是，凭借自己的勇气、对自我探索的开放态度，以及对生命和家庭的热爱，她夺回了对自身健康的掌控权，奇迹般地痊愈了。她又活了十三年零六个月，在这段时间里她基本没有出现什么症状。对于世界各地那些寻求着圆满之路的人们来说，她的康复和对生命的投入是一种鼓舞。而这位女性恰恰是我的母亲。

我在自己的工作坊、讲座和《用 NLP 改变信念系统》（*Changing Belief Systems with NLP*）一书中都分享过她的康复历程。但是我总是从自己的角度来分享这个故事，作为旁观者来看待这个非凡的康复过程。而在这篇文章中，我的母亲讲述了她找到通往健康之路的心路历程，以及影响着这段旅程的各种因素和发现。

从很多方面来说，与我提供的关于我所扮演微不足道的角色的报告相比，她的个人见解和对自身内心变化的描述都更加丰富生动、扣人心弦而又发人深省。疗愈来自内心。只有当个体完全释放出人体强大而天然的自我矫正能力，疗愈才会发生——而不是因为技术发挥了作用。我相信，她的话语也可以帮助他人释放出自己内在的这些能力。

罗伯特·迪尔茨

加利福尼亚州圣克鲁兹

1998年3月

我的圆满之路

帕特丽夏·A.迪尔茨（1929~1995）

我们何时选择通往健康的道路？我们又是如何误入歧途的？我们的道路是充满坎坷，还是一马平川？我们自己拥有多少掌控权？如果路径改变了，我们又如何找回自己的道路并顺利地保持平衡？十多年以来，我一直在寻找着这些问题的答案。

故事背景

我成长于20世纪三四十年代，回顾自己的童年，我不记得自己是否经常会担心健康的问题。例外的情况，可能是当红色的隔离标志被钉在我们前门旁边的墙上的时候，当时我的三位兄弟、我的姐姐和我自己之中有人患上了传染病。在那个年代，当有人患上百日咳、麻疹和猩红热，或者不幸患上白喉或伤寒，就会被居家隔离。我们居住在农村地区的一个小镇上，医疗设施非常匮乏。

受伤的时候，我们就用红药水或者碘酒擦拭伤口。或许是因为那鲜艳醒目的颜色，或是消毒剂"令人晕眩"的刺鼻气味，也抑或是因为那可怕的刺痛感，细菌终于缴械投降了。当然，来苏是杀菌的必需品，它的气味是最为刺鼻难闻的。我们毫不怀疑，有某种强大的力量在发挥着作用，所以我们自然而然地康复了。另外，傻瓜才敢重复这样的治疗。

和现在的许多年轻人不同，我们这些生长在20世纪三四十年代的人并不关心自己是不是纤细苗条，或者穿着时髦。至少在我长大的印第安纳北部小镇，我们并不在意这些。有些年份会打仗，我们已经习惯了物资的短缺。我们的生活不会离家太远。女人们在家里生孩子，很少有人住院。当有人去世时，他们会被安葬在家中。

除了失去扁桃体之外，我的童年时光是健康活泼的。我更喜欢待在户外，很幸运我们有一座大房子和足够的玩耍空间。我们想象丛林里有鳄鱼，或者假装骑马。我为自己的力量和平衡感而自豪。我们有一个巨大而光滑的金属桶，当它从院子的一端滚到另一端时，我可以爬上去"走路"。我骑了几英里的自行车去乡下。

长大后，我对医学产生了兴趣。我想成为一名护士。第二次世界大战后，大学里有很多退伍军人，他们充满了各种新奇的想法和发现。我父亲病得很重，我想要了解更多的治疗方案，并且对医学领域的许多创新特别感兴趣。我曾经在当地的小私立医院做过助理，因此觉得医疗事业很适合自己。

我在印第安纳大学读了四年的护理课程，在布卢明顿校区学习了一年，然后在印第安纳波利斯医学中心学习了三年。后来，我还完成了一些研究生课程。在我所接受的训练中，高效是首要的美德。除了学习成绩，老师还根据我们工作的速度和认真程度给我们打分。无论从个人还是学术角度来说，我们都是一个非常优秀的团队。不允许穿拖地的鞋子，也不允许涂指甲油，我们的袖口和领子都是上浆的。最好不要穿皱巴巴的制服，头发最好不要碰到衣领。如果一名学生未能通过病房突击检查，她将被召回她负责的病房，并被要求当场清理房间。这所学校在学术方面要求也很高。参加全国护士注册考试时，我们班级名列全国第一。我总是在院长荣誉名单上，并且在毕业时名列前茅，这说明我确实学有所获，并且付出了很多努力。我一直保持着在那些年里养成的一些习惯。

从印第安纳大学毕业后，我在莱利儿童医院的医疗中心工作，负责早产儿至15个月龄幼儿的病房。我喜欢这家医院和这些小患者，当时我住在印第安纳波利斯。第二年，我搬回了布卢明顿，和青梅竹马的恋人结婚。当我的新婚丈夫从法学院毕业时，我在门罗县担任公共卫生护士。

我们在印第安纳州度过了婚后的第一年，直到我们的第一个儿子出生。接下来的三年，我们在新泽西州的普林斯顿度过，我们有了第二个儿子。我们最后一次搬家是到加州的圣马特奥，在那里我们又有了一个女儿和两个儿子，成为七口之家，对此我感到心满意足。我把全部的时间都花在抚养孩子、为他们的学校活动做志愿者和照料家庭上面。非常幸运，五个孩子全都长大成人了。

旅程的开端

1975年，我觉得自己可以重新进入职场了，在当地一家诊所担任兼职。我当时心情欢畅，买了一条新裙子，准备穿去圣地亚哥参加一个法律会议。这是我第一次陪自己的丈夫这样旅行。那天下午，我和妇科医生约好了见面，他非常担心我乳房里的一个肿块。两个月前，我的妇科医生在度假，关于这个肿块，我看过另一位医生，我的胸部 X 光检查结果为阴性，所以我并不担心。当我走向医生办公室所在的大楼时，内心非常震惊。我原本以为会拿到一份"完美的健康报告"，从未想过会出什么岔子。我还要筹划激动人心的旅行，这段插曲不可能出现在我的人生里。经过检查之后，医生告诉我一个可怕的消息：我必须去医院，因为我很可能得了乳腺癌。我原本可以再等几天，尽管当时似乎并没有太多的治疗方案可以选择，并且时间对我未来的康复起了重要作用。

我的母亲和姐姐都因为乳腺癌而离世，巧合的是，她们去世是在同一天，相隔整整一年。我姐姐在接受了两次乳房切除手术后，只活了四年。她在48岁时死于癌症转移，留下了五个14~20岁大的孩子。我母亲在72岁时接受了乳房切除手术，只活了两年，她也有五个孩子。她们都是才华横溢的女性，也是熟练的法庭书记员，我母亲在第一次世界大战之后从事这个职业，而我的姐姐在去世前一直都是。在接受了最为先进的治疗之后，她们仍然离开了这个世界。这让我做出决定，如果活性组织检查呈阳性，我就立即接受手术。我只是想要"摆脱它"。第二天下午，我就住进了医院，并在次日早上接受了改良乳房根治术。

改良乳房根治术是指切除所有的乳房组织，但不切除肌肉。因为我的淋巴结并未病变，因此不需要接受其他治疗，我有85%的概率不会复发。这对我来说已经非常理想了。我学习了很多术后护理知识，但是并未对自己的状态有太多思考。

我恢复得很快，在五周之后就回到了工作岗位。我恢复了在印第安纳大学求学期间养成的所有高效率的习惯。作为一位年轻的母亲，并且一直到我的中年，我都已经习惯期待自己把一切做到完美。实际上，我在工作和处理家庭事务时都会进行计时。我承担了越来越多的工作职责，请假变得越来越困难。即使是生病了，我也经常去上班，因为无法找到别人来代替我的职责。我过于勤勤恳恳，忽略了对自己的照料。在家里，家人们也越来越期待我成为"超级妈妈"。当然，是我自己的行为助长了他们的态度。从来没有人要求我在任何事情上全力以赴，因此也没有人真正欣赏我这样做。

我又花了四年半时间，生活在这种混乱的高效之中。我甚至在休息日还会做些额外的工作，为一位医生朋友记账，在另一位朋友的古董店里帮忙。

新的篇章

1982年6月底，我在另一侧乳房发现了一个肿块。1982年是艰难的一年。家里的厨房遭受了严重的火灾，我们花了整整五个月才重新修缮好。我在卧室里用电炉做饭，在浴缸里洗碗。我丈夫的律师事务所散伙了，他又独自成立了一家律所。我最小的儿子去上大学了。这些变化，加上一个大家庭的日常工作和危机，使我的生活保持着疯狂的节奏。我的职业和社交需求似乎增加了我的挫败感。人们似乎不理解我和家人在灾后重建时遇到的困难。我憎恨他们的麻木不仁，却并未澄清自己的处境。我不是一个爱抱怨的人。在工作中，我感觉他人因为我所付出的努力而受益，却对我毫无感激之情。事后看来，我很愤怒，却忽略了自己的这种愤怒。

我和四年前看的是同一位医生。这一次，我的胸部 X 光检查结果不太乐观，骨扫描显示有广泛的受累情况。听到这个消息，我感到不知所措，尽管身在医院并将在四点钟办理住院手续，但我还是非常想回家。我记得有人不耐烦地说我应该立刻去住院，我回答说我想回家。毕竟，家里的装修几天前刚刚结束，我想回家。幸好，我的医生同意我可以等几天，于是我离开了医院。

我的问题在于自己对世界的看法和处事方式。我为他人的行为负责，相信自己应该能够解决所有的麻烦。选择回家而不是被收治入院，这是我人生重大变化的开端。我不再因为"不得不"而去做每一件事情。从现在开始，我拥有了"选择"。

审视自己的内心

我的儿子罗伯特（小时候，我们叫他布莱恩）在接下来四天的大部分时间里都陪伴着我。他教会我一些不同的思考方式，还有寻找我所需选择的不同策略。

我们的房子里有一个大而独立的客厅。这个房间有它自己的氛围，灯光明亮，但闲适幽雅。在这个房间里，我收集了一些古董家具，有些来自

18世纪，我发现这样的环境令人平静，是寻找内心所需答案的完美之地。我的孩子们经常把这个房间当作独处和寻找灵感的地方，有时他们会在这里一边弹钢琴，一边通过音乐寻找问题的答案和解决问题的方法。

在这四天的时间里，我想到了无数的可能性，也学会了一些寻找平衡和安宁的新方法。我找到了拼图的碎片，开始把它们放回原位。

刚开始的时候，我惴惴不安，罗伯特让我描述自己生活中的事件或者我的恐惧，让我告诉他在问自己问题的时候，我的内心有什么发现。我拥有什么？我在做什么？我需要什么？我怎样才能达到康复的目标？没有费太大力气，我就看到了画面，而不是活动的画面，但是和我离得很近。罗伯特把它叫作非言语信息。

进入我脑海的第一个画面是一位疲惫不堪、巫婆一般的老妇，她留着长长的、稀疏的白发，穿着一件破烂的灰色长袍。在我说话的时候，我的右手似乎代表着她。她迫切需要休息与平静。我相信她觉得死亡的想法很有吸引力，因为死亡将会让她如此安宁。

而第二个画面是一位强壮活泼，年轻得多的女子，穿着奢华的（橙色、紫色和金色的）衣服。她精力充沛，干劲十足，对一切都充满了想法。

罗伯特问我这两位女子是如何看待彼此的。我说她们离得很远，并不信任对方。在那个时候，我意识到疲惫的、身着灰衣的女子希望看到那个衣着华丽、踌躇满志的女子离开，这样她们就都可以获得片刻休息。这个觉悟是如此真实，使我大吃一惊。我不知道该羞愧还是愤怒。这确实是一次非常严重的冲突。我感觉自己很愚蠢。

接着罗伯特问我，能否让这两位女子交换位置。我的左手似乎代表着那位衣着华丽、踌躇满志的女子。我把双手手腕交叉，画了个十字，轻松地改变了她们的位置。画面变得柔和起来。白发苍苍的老妇人变得更加年轻，她的头发染上了一些颜色，长袍现在变成了蓝色。而这位踌躇满志的女子变得更为冷静，穿着更加低调。罗伯特接着问我，怎样才能让这两个女子走得更近一些。我紧握双手，手指交缠在一起，我感到非常平静和专注。我看到一位富有魅力、温柔可亲的女子，穿着得体，精明干练，但很平静。当我感到困惑或者焦虑时，我仍然会使用这个握手的姿势，并且会立即得到内心的回应。

我们需要一些时间来寻找这些场景并进行解释。我和罗伯特的谈话非常密集，对我很有启发。我需要重拾活下去的意志。四天的时间转眼已经过半，我的时间感发生了扭曲。我唯一想做的就是和罗伯特待在一起，尽可能敞开自己的内心。这就是我曾经认为是"圣灵"的启示或者智慧吗？

其他画面突然出现在我的脑海里，阻碍着我恢复健康，阻碍着我重新变得完整。在我寻求康复的过程中，有一次我看到一个身着黑衣、像小鬼一样的东西，它吓唬我，让我觉得害怕。罗伯特问我能不能把它变小。我这样做了。他又问我，可以把它装进相框吗？我把它放进了浅橡木相框里。可以改变它的颜色吗？我给它穿上了一件亮黄色的衣服，这让我觉得很有趣。这下，小鬼已经变得非常可笑，不会再伤害我了，它永远地消失了。幽默是一个很好的资源。

还有一次，我看到一个可爱的年轻女孩，一头飘逸的棕色头发，穿着浅蓝色的长袍，躺在一块大理石板上。我不敢在她身边走过，我又一次害怕起来。在罗伯特的引导下，我想象看到那个女孩坐了起来，但是她和那块石板仍然挡住了我的路。后来，我让她穿上一件颜色更为鲜艳的衣服，让她离开石板，再也不要回来。我的恐惧也因此减轻了。移动是另一个很好的资源。

进行这些内心的探索耗费了我太多精力，我饿坏了。我似乎吃了大量的食物，但还是瘦了五磅。罗伯特非常体贴，不让我们的谈话把我累垮。除了吃饭、睡觉和思考之外，我什么都没有做。

对未来进行想象

在这四天里，罗伯特和我花费了大部分时间来寻找我内心可能存在哪些资源，可以帮助我康复。他还让我从外部来看待自己。他问我能否想象自己在离我们稍远的位置，却在房间里看着我们。我做到了。他又问我，可以去天花板那里吗？我也做到了。然后，他一步步引导我离得更远。我来到外面，在房子和院子的上方，接着是市、县和国家的上方。这个练习可以变得非常简单，只要想象一下电视里的天气预报，想象我们是如何看到世界各地的。我能够想象自己置身于宇宙之中，感觉自己与万物和谐共处。我想象着自己回到一个单细胞的状态，慢慢地找到自己在这个世界上的位置。我原本就是健康的，不应该生病，我的生命一开始很完美。这一路上究竟发生了什么？

我能够重复这样的练习很多遍，每一次我都对自己的未来更加充满信心。我发现了自己是谁，为什么来到这个世界。

罗伯特让我想象一下25~30年之后，自己会变成什么样子。我可以看到自己和他的父亲、我的丈夫在未来一起散步的情景吗？我看到自己过得很好，明显老了些，但仍然有活力，很快乐。我想象中的身材比实际的要苗条一些。是的，我相当诚实。回想起来，这个画面不同寻常的部分是我的丈夫并没有什么变化，他的头发没有变得花白，也没有驼背，依然步伐矫健。在未来，我老了30岁，但他仍然和现在同龄。三年之后，我丈夫突然离世，在那个时候，我才想起那个特别的现象。

我仍然用对未来的想象来实现自己的目标。我看到并感觉到自己在未来的某个时间取得了成功。正如罗伯特所说，我已经成为自己的榜样。我努力保持着身体的健康。

做出自己的选择

给我带来强大能量的四天结束了，我终于准备好回到医院了。现在我感到自己是强健自信的，能够面对即将到来的手术了，这个手术将切除我患病的卵巢、乳房肿块和腺体。我很好地接受了手术、恢复了身体，然后回家面对接下来的挑战。

我拥有了改变自己生活方式的机会。我并没有回到之前的工作岗位，也放弃了从教堂唱诗班到俱乐部主席的种种义务工作。我决定从头开始，把时间花在我一直想做但总是被抛诸脑后的事情上。我很幸运，我的孩子都长大了。如果环境允许的话，我会做出不同的改变，因为我迫切需要做出改变。

在这段时间里，我每天晚上都会因为恐惧和焦虑而醒来好几次。毕竟，医生认为我的预后不是很好，我还拒绝了他们推荐的治疗。我咨询了三位医生，决定不使用他们推荐的放疗或侵入性化疗。这个决定并不容易。我获得了所有关于放疗和化疗优点的统计数据。我的想象力最终占据了上风，我看到自己无法经受任何一种治疗。不仅是我的主治医生，还有我的内科医生和外科医生都强迫我选择其中一种治疗。但这些治疗中没有一个与"我"对自己所想象的画面相吻合。有时候，我感到内心无比脆弱。我的护理背景告诉我要服从医生的指令，我感到很害怕。

最终，我决定尝试用我的信念和能量来帮助自己的免疫系统变得强壮和健康。我感觉就像神话中的凤凰涅槃。我清楚地记得自己做出这个决定的那一刻。我会"奋力一搏"。如同涅槃的凤凰，我褪去了恐惧的羽毛。我不再害怕，也从未回头。

我相信自己需要一位可以与我合作的医生，他不会强迫我接受让自己感觉不适的治疗。我找到了一位刚刚从斯坦福大学毕业的肿瘤学家，我觉得他对新思想比较接纳。他建议我服用激素抑制剂。我同意试一试，因为我觉得这不会给我带来伤害。我相信患者对自己的健康负责，并参与治疗决策对于康复是有帮助的。有些人可能会不赞成我的观点，宁愿扮演被动的角色。我们都有权做出自己的选择。

寻找激励的力量

在寻找积极的榜样时，我碰到了难题。我的母亲、姐姐和姨妈都因为乳腺癌去世了。罗伯特建议我回忆一下自己的父亲，他在患上一场预计会致命的疾病之后继续生活了12年。我试图寻找自己与父亲的相似之处，包括在身体上、心理上和兴趣爱好等。我试图认同自己的父亲，而不是我如此崇拜的母亲。父亲和我在户外共度过了很多时光。从父亲那里，我学会了热爱园艺和大自然。他是一位伟大的环保主义者，使用自然的技术，与自然合作。在打理自己的花园，或散步欣赏大自然的美景时，我内心感到极大的满足，现在仍然如此。我试图用父亲的处世哲学和能量来帮助自己认同他。

在这个时候，我还进行了视觉化练习。我并不喜欢杀死自己的一部分这个想法，而宁愿把癌细胞看作是陷入混乱的细胞，它们需要引导或者重新利用。

从福音书中，我借鉴了迷途羔羊这个寓言，试图引导我陷入混乱的细胞回到羊群。在周日弥撒读福音书时，我发现了许多相关的观点。在此之前，我也曾无数遍地读过或者听过同样的话语，但直到现在，我才理解其中的含义。其中有许多关于完满与和谐，还有内心平静的篇章。

所有的一切就在那里，只是我从未发现和欣赏。现在，当我在教堂服务时对邻居说"愿安宁与你同在"时，我是真正发自内心的。因为我了解自己内心保持安宁的重要意义。

我把云朵想象成可爱的羊群，它们在山顶上越变越多，通过这个办法，我试图让我的白细胞增加。我还想象混乱的细胞被消化并转化为能量。有时我觉得身体非常虚弱，会想象自己是神话中的墨丘利（Mercury），头盔上插有双翅，巨大的双足让我保持直立。当然，我是银光闪闪的。最近有人告诉我，墨丘利是转变之神，考虑到自己的思维正在发生改变，我觉得这件事很有意思。我了解到，在古代炼金术中，可以用水银⑯把贱金属变成黄金。

---

⑯　mercury：既有墨丘利之意，也有水银之意。

我发现，像祈祷一样双手合十，手指交缠，就像我第一次整合内心冲突一样，可以成为获得力量和完满的心锚。直到今天，当我感到沮丧或焦虑时，双手合十会让我感到专注和平静，合理地看待事物。我经常使用这个手势。

发现我的"每日食粮"

在摄入不同的食物时，我会密切关注自己感受如何，通过这个方法，我的饮食开始变得非常健康。（帕特丽夏的饮食与癌症协会目前推荐的食物相似）我参加过营养学的课程，以满足更新护士资格注册的继续教育要求。我了解到脂肪的危害和十字花科蔬菜、黄色蔬菜（β-胡萝卜素）和谷物的抗癌功效。我很少吃加工食品，餐桌上几乎没有红肉。我甚至为一些有消化问题的年轻朋友写了一份食谱和菜单，我认为他们的消化问题是不合适的食物以及焦虑所导致的。

我开始对游泳和散步感兴趣，几乎每天都做这两件事。我试着在锻炼和饮食习惯方面都不过于极端。我开始对一切事物奉行中庸之道，正如许多伟大的宗教所教导我们的那样。我专注于增强自己的力量和肌肉的增长。我打开了一个全新的世界，拓展了自己的视野，发现了新的生活乐趣，这些都是我所取得的成就。

有人问过我，当选择放弃似乎更加容易时，我做了什么或者会怎么做。有时候，我会感觉自己的表现并没有理想中那样出色。我觉得在身体虚弱的情况下，重病患者会觉得获得康复所需要付出的努力如此艰巨，令人无法承受。这些时候，我会试图找到某件我一直想做但却并没有做的事情，无论它有多么微不足道。用一个古老的谚语来说，就是在驴子面前挂一根胡萝卜，哄着驴拉车往前走。

我将这个胡萝卜的隐喻推而广之，因为我每天都吃胡萝卜或者喝胡萝卜汁，以获取抗癌的 β—胡萝卜素。当一个人极度虚弱的时候，最好的选择就是去做最微小、最简单和最让他舒适的事情。只要能完成一件小事，就是令人鼓舞的。我竭尽全力，避免自己因为疾病而获得继发性受益。我曾经与一些人交谈，我相信他们在无意识地利用自己的疾病来解决问题，或者有些人已经有意让自己离开这个世界，以此作为他们的解决方案。

我们要远离罗伯特所说的"思想病毒"，这很重要。这个社会，甚至我们自己的医生都可能会在我们的头脑中植入消极的想法。这些想法都是善意的，但却会对一位脆弱的患者带来非常消极的影响。我就曾经与各种思想病毒激烈斗争过，并且发现自己很难战胜它们。我们可以学会期待自己做出某种行为，并让自己付诸实践。我抵制病态的期望，并乐于将它们转变为对我有利的积极期望，达到康复的目标。

试着从每一件事中找到乐趣，这很有用。我和我的家人发现，即使是我们生活中最不愉快的时刻，也有一些令人捧腹的插曲。人们常常能在最意想不到的地方发现幽默。我会努力记住这些有意思的事情。

学会对自己大笑是如此重要。太把自己当回事并没有什么好处。如果我能对自己的恐惧大笑，对自己大笑，和别人一起笑，就可以用崭新而愉快的视角来看待生活。我对别人的接纳和耐心都提高了，我还会从每天都会遇到的挫折中找到乐子。遇到堵车时，我甚至会吹口哨。看样子，我没办法一边吹着口哨，一边痛苦不堪。

我并不害怕做美妙的梦。令我惊讶的是，有些梦居然已经成真。我一直在上独唱课，非常喜欢表演。我拍过几次电视广告，我从未想过自己可以做这件事。我度过了从未意想过的精彩岁月。

对我来说，户外活动一直都是一种治疗，我知道对其他人来说也是如此。我继承了父母对大自然的热爱和保护，我感觉自己与大地和它的果实有一种连接。在我的花园里，在我的树下，我总会有一种和谐而喜悦的感觉。我们可以从生命的周而复始和大自然的使命中学到很多东西。

好奇心是另一个给我的生活带来意义的重要因素。我喜欢学习新事物，对各种发现都很着迷。有太多的知识需要我去探究和了解，甚至历经多年之后，我只能触及一点皮毛。我一直在当地的大学学习语言，也去过几个欧洲国家旅游。新的文化向我敞开大门，让我对全然陌生的领域产生了兴趣。对我来说，探究历史事实和它们对当代的影响已经成为一个奇妙的、隐喻性的"胡萝卜"。如果身体状况不好，我就无法去探寻这些令我着迷的新世界。

选择自己的人生

我的一位医生朋友告诉我，他认为只有在人们生了重病之后，才能学会自我照料，最终过上更好的人生。在我看来，他的观察十分正确。许多身患绝症的幸存者谈到，他们以崭新的目光看待生命中的每一天，甚至对自己的同胞产生了新的热爱。在我看来，我选择活下去的每一天，某种智慧都会增长。我用"选择"这个词，是因为我觉得"选择"与生命的延长有关。我需要让每一天都活得有价值。有时候，看看天空和树木就已经足够。还有些时候，帮助他人是关键。被"需要"的感觉有时会浮出水面。向陌生人微笑，接受来自陌生人的微笑，这些都很有意义。

并非每一个人都可以和我一样获得这样的支持和机会。但是可以从一点点小事开始一步一步来，当你回头看的时候，就会发现自己已经前进了很多步。前进的每一步都会让生命更加弥足珍贵，每一次成就都会让你获得更大的自由。当我们成为生命充满活力的一部分，生命才会变得更有意义。我们一路上都在积累经验的财富。

我的儿子罗伯特认为，我们每一个人都有自己的世界地图。我们每个人都有能量改变自己地图上的一些线条，让我们选择生活在这样的世界里。我的终极梦想是让自己的世界成为一个美丽的地方，无论是对自己、家人还是更多的人来说。我的"康复"（remission）将为我带来新的使命⑰。

---

⑰ remission 除了指疾病的缓解、康复，还可以拆分为 re-mission，即新的使命。

附录 A 取得结果的完善条件

1. 你想要什么?

a) 这样的结果会给你带来什么?

b) 结果是:

以积极正向的方式来陈述的吗 (你想要什么, 而不是不想要什么) ?

可以由你自行启动的吗? 可以由你所掌控的吗?

这个结果是宽泛的, 还是可管理的精准定义? 如果必要, 把结果细分成更小的部分。

2. 你如何得知自己达成了这个结果? (证据程序) 可以用基于感官的词语来描述相关的证据吗? (视觉、听觉、触觉、嗅觉、味觉)

3. 你想要在何地、何时、和谁在一起时达成这个结果? (背景)

4. 什么会妨碍你现在达成你的结果?

5. 达成结果的积极和消极后果有哪些?

6. 你需要哪些资源来达成你的结果? (信息、态度、内部状态、培训、金钱、他人的帮助或支持等)

7. 实现目标的第一步具体而可行吗?

8. 想要达成结果是否存在不止一种方法?

9. 涉及哪些时间框架?

10. 想象自己步入未来, 这时你的结果已经完全得以实现。然后回顾过去, 确定想要实现你此时所拥有的这个结果, 需要采取哪些步骤。

附录 B　NLP 与癌症治疗

癌症是一种身体疾病，其特征是某些身体组织的混乱而不可控的生长。根据受影响的身体部位和生长速度，癌症的危险程度各有差异。癌症之所以具有危险，是因为它的变异程度和适应能力。癌细胞是快速变化的细胞，能够迅速适应不同的环境。当免疫系统无法产生必要的调节，以识别和有效"吸收"增殖的癌细胞时，癌症就会给生命带来威胁。

肿瘤学在试图治疗癌症时陷入了困境，因为癌细胞比用于摧毁它们的强大化学物质和辐射治疗具有更强的灵活性。一开始，这些治疗能够有效地杀死许多癌细胞（不幸的是，同时也杀死了许多健康的细胞）。但是癌细胞会渐渐产生变异以对抗这种治疗，从而导致癌症症状的复发。接着人们会使用更为强大而致命的化学物质，直到这种治疗对病人的生命构成了威胁，医学对他们已经无力回天。

在某些情况下，"癌症"的诊断被认为等同于"死亡宣判书"。然而，传统和辅助癌症治疗的进步对这个观点提出了挑战，并且显著地提高了病人的生存率。

在20世纪70年代早期，卡尔·西门顿 (Carl Simonton) 和妻子斯提芬妮（Stephanie）证明，运用视觉化和心理意象似乎对一些癌症患者的康复有很大的帮助。西蒙顿夫妇将癌细胞描述为"虚弱而混乱的"细胞，而不是致命入侵者。他们鼓励患者想象自己的免疫系统是强大的，能够积极地清除虚弱和混乱的癌细胞。他们在1978年出版的《恢复健康》(*Getting Well Again*)中描述了他们的技术，在癌症治疗的身心康复方法领域引发了大量的探索。NLP技术可以用于完善西蒙顿的基本方法，特别是在增加其他表征系统（例如听觉和触觉）作为视觉化的辅助，以及与信念和信念系统工作方面。

越来越多的观察证据表明，NLP可以作为治疗多种癌症的有效辅助手段。最为知名的例子就是我的母亲帕特丽夏，在20世纪80年代早期，她在运用了NLP原理和方法之后，奇迹般地从乳腺癌转移中康复。

用于癌症治疗的NLP方法包含以下这些关键要素：

帮助病人建立对健康、完满而值得期待的未来的完整表征，并建立这些信念：这样的未来是令人向往并且可能成为现实的、他有能力实现它，并且值得拥有它。信念植入过程(belief installation process)和理解层次贯通法(logical level alignment)是帮助达到这些目的的有效技术。

通过"信念评估"(belief assessment)和"信念审查"(belief audit)等步骤来支持赋能信念，帮助个体保持内心的希望和创造力。

识别与疾病有关的身心症状背后的"积极意图"和"继发性获益"，以找到更多符合整体平衡的选择来满足它们。这需要能够区分经验的不同理解层次，并用重构法(reframing)的不同方案进行工作。例如，一些NLP实践者让患者"直接"与癌症沟通，找到其潜在的积极意图。

使用视觉化、言语肯定(verbal affirmations)和身体语言句法(somatic syntax)技术增强免疫系统，刺激其灵活性。（一些NLP实践者使用过敏症疗法的变化形式来刺激免疫系统做出适当的反应）

226

帮助患者建立强有力的"第一位置"（或自我位置），识别并澄清其他感知位置，使之建立和增强个人边界感。在这方面，识别特征性形容词和与不同感觉位置相关的语言模式和身体线索是重要的技能。

处理相关的家庭系统和关系问题，它们可能会妨碍患者保持灵活和获得康复的能力。元镜 (meta mirror) 和元地图（meta map）等系统性的 NLP 技术在这方面很有帮助。

创建过滤器来筛选来自外部资源（例如媒体、朋友、医生、家人等）的限制性信念。包括建立对传入信息进行评估的策略，以及使用语言的魔力（sleight of mouth）模式以及信念串联法（belief chaining process）。

识别和解决患者个人史中与健康或康复的限制性信念有关的事件或印记。包括通过印记重塑或者改变个人史来更新过去的经验和负面的榜样。

解决可能会给患者一致性地采取康复措施带来压力和干扰的内部冲突。整合冲突信念 (integrating conflicting beliefs) 和部分整合 (parts integration) 是很有价值的技术。在帕特丽夏·迪尔茨的案例中，核心的内部冲突得以解决是她获得康复的重要因素。对于其他人来说，处理过去的重要印记也会给他们带来深远的影响。

健康高级研究所 (IASH) 正在继续进行和支持 NLP 应用于癌症治疗的研究和开发。IASH 由罗伯特·迪尔茨、蒂姆·哈尔布姆和苏茜·史密斯建立，是一个非营利组织，其目的是支持与系统 NLP 技术在健康领域的应用有关的研究和联络。作为这一使命的一部分，IASH 对 NLP 全球健康社区和健康认证培训进行管理。IASH 维护着认证 NLP 健康实践者的全球目录。

词汇表

心锚（Anchor）：当一个外部刺激总是伴随着一种内部状态时，总是会引起个体相同的内部反应的刺激。心锚是自然产生的。班德勒和格林德发现了模型（modeling），即我们可以使用一种姿势、触摸或声音刺激来建立模型，以保持某种稳定的状态。

假设（As If）：使用"假装"来让某件事"如同"真实存在的方法。用于创造资源。

身临其境（Associated States）：你"在当下"经历一个事件的状态，就好像它正在你身上发生，是你亲眼所见。完全沉浸在当下，或者全然地重温过去的经历。

准确测定（Calibration）：运用感官敏锐性（视觉、听觉、触觉）留意一个人外部状态的特定变化（例如音调、姿势、手势、肤色、肌肉张力），来了解他们的内部状态何时发生变化。

改变个人史（Change Personal History）：一种NLP设置心锚技术，可以为过去的问题记忆添加资源。

一致性（Congruity）：你内心的所有部分都对自己在特定背景下的行为表示赞同。

置身事外（Dissociated States）：处于自身行为的内心观察者的位置；通过观察者的眼睛注视自己。

眼部运动线索（Eye Accessing Cue）：与视觉、听觉或触觉思维有关的眼部运动。

未来模拟（Future Pacing）：让一个人进入未来，其环境的外部线索将引发内部反应或特定行为。一旦大脑以这种方式对过程进行了预演，在未来情境下这个行为就会自动出现。

不一致性（Incongruity）：当一个人处于某种内部冲突之中，就会发出两种不同的信息。外在行为与内心感觉不匹配，并且经常表现为身体状态的不对称。

僵局（Impasse）：一种烟幕。围绕一个主题进行工作时，当事人脑中一片空白，或者感到困惑。

元模型（Meta-model）：用于收集极为具体的、基于感官信息的17种语言差异。

元程序（Meta-programs）或者元类别（Meta-sorts）：人们用于对信息进行分类和理解周围世界的习惯性思维过程。

新行为发生器策略（New Behavior Generator Strategies）：重温一个他人并未行动但想要行动的情境，并在那个情境中添加新的资源。当事人可以 (1) 选择其过去所无法获取的资源，(2) 假装自己拥有这个资源，或者 (3) 找到拥有资源的人，并且模仿这个人。

结果（Outcome）：对基于感官的成就证据进行说明的最终结果。

模拟（Pacing）：匹配或者镜映另一个人的行为，包括其姿势、语调、语速、呼吸、谓语等。(参见亲和感)

部分（Part）：行为的组合或者策略。(例如"我内心的一部分想要让我减肥。")

伪时间定位 (Pseudo-orientation in Time)：将一个人重新定位于过去或未来。

亲和感（Rapport）：与另一个人同频或者"同步"。当你在各个层面上匹配或者模拟另一个人的行为时，就会产生亲和感。

印记重塑（Re-printing）：印记是过去的一个重要事件，让你由此形成一个或者一组信念。

重构法（Reframing）：在 NLP 术语中是一种重新定义的过程，对继发性获益 (行为背后的意图) 进行验证。它可以改变一个人的观点，提供新的选择。

表征系统（Representational System）：我们用来"表征"和理解世界的内部和外部图像、声音、文字和感觉。

感官敏锐性（Sensory Acuity）：通过视觉、听觉或触觉来感知另一个人提供给你的细微线索的技能。

状态（State）：把一个人的思维过程整合在一起，以形成一套直接影响身体状态的思维过程。

策略（Strategy）：导致结果的一系列内部表征 (图像、声音、文字、感觉)。

次感元（Submodality）：感元是指五种感官之一（视觉、听觉、触觉等）。次感元则是感元的一个组成部分或者品质。例如视觉次感元包括图片的亮度、清晰度、焦点、大小、是否身临其境等。听觉次感元包括音调、音高、音量、节奏、声音持续时间等。触觉次感元包括压力、程度、持续时间等。

心态快速转变法（Swish Pattern）：一种改变次感元，从而转换思维方式的 NLP 技术。

词源转移搜索 (Transderivational Search)：通常称为 T-D 搜索。在这个过程中，对一种感觉设置心锚，然后利用这个心锚来找到这个人有过相同感觉的时间点。

部分整合（Visual Squash）：两个内心"部分"或天平两端之间的谈判过程，包括对部分进行定义、确定每个部分的积极目的或意图，以及就最终的整合达成协议。

尾注

第一章

1. Joseph Yeager,a well-known NLP trainer and author defined these three components necessary for effective change:(a) to want to change,(b) to know how to change, and(c) to get the chance to change.

2. See Bandura,A."Self-effcacy:Toward a Unifying Theory of Behavioral Change," *Psychological Review* 84(1977),191-215.

3. See Kirsch, I."Response Expectancy as a Determinant of Experience and Behavior," *American Psychologist* 40(1985),1189-1201.

4. Evans, F.J."The Placebo Control of Pain," in J.P.Brady, J.Mendels,M. T.Orne, and W.Rieger(eds),*Psychiatry:Areas of Promise and Advancement.*NewYork:Spectrum,1977, pp.129-136; *idem,* "The Power of a Sugar Pill,"*Psychology Today*(April 1974),55-59; *idem,*"Placebo Response:Relationship to Suggestibility and Hypnotiz-ablity,"*Proceedings of the 77th Annual Convention of the American Psychological Association.*Washington, DC:APA, 1969, pp.889-890.

5. Lasagna, L., Mosteller, F., von Felsinger, J.M., and Beecher, H.K.,"A Study of the Placebo Response,"*American Journal of Medicine*

16(1954),770-779.

6. Marlatt G.A.and Rohsenow, D.J."Cognitive Processes in Alcohol Use, "inN.K.Mello(ed.),*Advances in Substance Abuse:Behavioral and Biological Research*.Greenwich, CT:JAI Press, 1980, pp.159-199;Bridell, D.W., Rimm, D.C., Caddy, G.R., Krawitz, G., Sholis, D.and Wunderlin, R.J."Effects of Alcohol and Cognitive Set on Sexual Arousal to Deviant Stimuli,"*Journal of Abnormal Psychology* 87(1918),418-430; Rubin H.and Henson, D, "Efects of Alcohol on Male Sexual Responding,"*Psychopharmacology* 47(1976), 123-134;Wilson G.and Abrams, D."Effects of Alcohol on Social Anxiety and Physiological Arousal:Cognitive vs.Pharmacological Processes, "*Cognitive Therapy and Research* 1(1977),195-210.

7. *Ibid*.G.Wilson and D.Abrams

8. See Bandler, R.and Grinder,J.*The Structure of Magic I*. Palo Alto, CA:Science and Behavior Books, 1975 for a complete description of the meta-model.

9. See Ba andler, R.and Grinder, J. *The Structure of Magic II*.Palo Alto, CA: Science and Behavior Books,1976.

第四章

1. The NLP Phobia Technique is described in Bandler R.*Using Your Brain-For a Change*.Moab, UT:Real People Press, 1985.

第五章

1. See Bandler, R.and Grinder, J.*The Structure of Magic II.* Palo Alto, CA:Science and Behavior Books, 1975, pp.62-96.

第六章

1. See Dilts, R., Bandler, R., DeLozier, J., Cameron-Bandler, L.and Grinder, J.*Neuro-Linguistic Programming*, Vol.I:*The Study of the Structure of Subjective Experience*.Cupertino, CA:Meta Publications,1979.

第七章

1. See the Simonton method described in Chapter 4(pp.65-66).
2. See Gawain, S.*Creative Visualization*. Berkely, CA:Whatever Publishing, 1978; Bry, A.*Visualization:Directing the Movies of Your Mind*. NewYork: Harper & Row, 1979; Silva, J.*The Silva Mind Control Method*. New York: Simon & Schuster, 1977; Simonton, O.C.

and Matthews-Simonton, S.*Getting Well Again.*NewYork:Bantam

Books, 1978.

3.　See Appendix A.

第八章

1.　Mackenzie, J.N."The Production of the So-Called'Rose Cold'by

Means of an Artificial Rose, "*American Journal of Medical Science*

9(1886),45-57.

2.　Jaret, P."Cell Wars,"*National Geographic* 169(6) (1986),701-735.

3.　Pavlov, I.P.*The Essential Works of Pavlov.*Ed.Kaplan, M. NewYork:

Bantam Books, 1965.

4.　See Bandler, R.*Using Your Brain-For A Change.* Moab,UT:Real Peo-

ple Press, 1985.

参考文献

Anderson.J. *Thinking, Changing, Rearranging: Improving Self-Esteem in Young People.*Portland, OR: Metamorphous Press,1988.

Andreas, C. and Andreas, S. *Heart of the Mind.* Moab, UT: Real People Press,1989.

Andreas, C.and Andreas, T. *Core Transformation.* Moab, UT:Real Peope Press, 1994.

Andreas, S.and Andreas, C.*Change Your Mind and Keep the Change.* Moab, UT:Real People Press, 1987.

Bandler, R.*Using Your Brain-For A Change.*Moab, UT:Real People Press, 1985.

Bandler, R.and Grinder, J.*The Structure of Magic I.*Palo Alto, CA:Science and Behavior Books, 1975.

Bandler, R.and Grinder, J.*The Structure of Magic II.* Palo Alto, CA:Science and Behavior Books, 1976.

Bandler, R.and Grinder, J. *Frogs into Princes.* Moab, UT:Real People Press, 1979.

Bandura, A.“Self-efficacy:Toward a Unifying Theory of Behavioral Change,” *Psychological Review* 84(1977),191-215.

Bridell, D.W., Rimm, D.C., Caddy, G.R., Krawitz, G., Sholis, D.and
Wunderlin, R.J."Effects of Alcohol and Cognitive Set on Sexual
Arousal to Deviant Stimuli," *Journal of Abnormal Psychology*
87(1918),418-430.

Bry, A.*Visualization:Directing the Movies of Your Mind*.NewYork:Harper
&Row, 1979.

Copra, D.*Creating Health*.Boston, MA:Houghton Mifflin, 1987.

Dilts, R.*Roots of Neuro-Linguistic Programming*. Cupertino, CA:Meta
Publications, 1976.

Dtlts, R. *Applictions of Neuro-Linguistic Programmig*.Cupertino, CA:
Meta Publications, 1983.

Dilts, R. *Changing Belief Systems with NLP*. Capitola, CA:Meta
Publications, 1990.

Dilts, R. *Strategies of Genius Vol. III.* Capitola, CA:Meta Publications,
1995.

Dilts, R. *The Encyclopedia of Systemic Neuro-Linguistic Programming.*
Scotts Valley, CA:NLP University Press, 2000.

Dilts, R. Bandler, R., DeLozier, J., Cameron-Bandler, L., and Grinder.J.

Neuro-Linguistic Programmig, Vol 1: *The Study of the Struoturo of Subjective Experience.*Cupertino, CA:Meta Publications, 1979.

Dilts, R. and Hollander, J. *NLP and Life Extension:Modeling Longevity.* Ben Lomond, CA:Dynamic Publications, 1992.

Dilts, R. and McDonald, R.*Tools of the Spirit.*Capitola, CA:Meta Publications, 1997.

Evans, E. J."The Placebo Control of Pain, "in J.P.Brady, J.Mendels, M. T.Orne, and.W.Rieger(eds),*Psychiatry:Areas of Promise and Advancement.*NewYork:Spectrum, 1977.

Evans, E. J."Placebo Response:Relationship to Suggestibility and Hypnotizability," *Proceedings of the 77th Annual Convention of the American Psychological Association.*Washington, DC:APA, 1969, pp.889-890.

Evans, E. J."The Power of a Sugar Pill," *Psychology Today*(April 1974), 55-59.

Gawain, S. *Creative Visualization.* Berkeley, CA:Whatever Publishing, 1978.

Grinder, M. *Righting the Educational Conveyor Belt.* Portland, OR: Metamorphous Press,1989.

Hallbom, T. and Smith, S."Overcoming Allergies," *Anchor Point* (October 1987).

Jaret, P "Cell Wars."*National Geographic* 169(6) (1986),701-735.

Kirsch, I."Response Expectancy as a Determinant of Experience and
Behavior, "*American Psychologist* 40(1985),1189-1201.

Kostere, K.and Malatesta, L.*Get The Results You Want*.Portland,
OR:Metamorphous Press, 1989.

Lasagna, L., Mosteller, F., von Felsinger, J.M., and Beecher, H.K."A
Study of the Placebo Response, "*American Journal of Medicine*
16(1954),770-779.

Lee, S.*The Excellence Principle*.Portland, OR:Metamorphous Press, 1985.

Lerner, M.*Choices in Healing*.Cambridge, MA:MIT Press, 1994.

Lewis, B.and Pucelik, F.*Magic of NLP Demystified*.Portland, OR:
Metamorphous Press, 1982.

Lund, H."Asthma Management:A Qualitative Research Study, "*The
Health Attractor* 1(3),IASH(March 1995) .

McDermott, I.and O'Connor, J.*Neuro-Linguistic Programming and
Health*.London:Thorsons, 1996.

Mackenzie, J.N."The Production of the So-Called'Rose Cold'by Means
of an Artificial Rose, "*American Journal of Medical Science* 9
(1886),45-57.

Marlatt, G.A.and Rohsenow, D.J."Cognitive Processes in Alcohol Use,"
in N.K.Mello(ed.),*Advances in Substance Abuse:Behavioral and
Biological Research*.Greenwich, CT:JAI Press, 1980, pp.159-199.

Moyers, B.*Healing and the Mind*.NewYork:Doubleday, 1993.

Pavlov, I.P. *The Essential Works of Pavlov*.Ed.Michael Kaplan.New York: Bantam Books, 1965.

Rossi, E.*The Psychobiology of Mind-Body Healing*.NewYork:W.W. Norton, 1986.

Rubin, H.and Henson, D."Effects of Alcohol on Male Sexual Responding," *Psychopharmacology* 47(1976),123-134.

Seigel, B.*Love Medicine and Miracles*.San Francisco,CA:Harper&Row, 1986.

Seigel B.*Peace, Love and Healing*.San Francisco,CA:Harper&Row, 1989.

Silva, J.*The Silva Mind Control Method*.New York:Simon&Schuster, 1977.

Simonton, O.C.and Matthews-Simonton, S.*Getting Well Again*.New York:Bantam Books, 1978.

Stone, C.*Re-creating Your Self*.Portland, OR:Metamorphous Press, 1988.

Taylor, C.*Your Balancing Act:Discovering New Life through Five Dimensions of Wellness*.Portland, OR:Metamorphous Press, 1988.

Weil, A.*Spontaneous Healing*.NewYork:Alfred A.Knopf, 1995.

Wilson, G.and Abrams, D."Effects of Alcohol on Social Anxiety and Physiological Arousal:Cognitive vs.Pharmacological Processes," *Cognitive Therapy and Research* 1(1977),195-210.